머랭으로 만드는 화려한 디저트

천상의 맛, 파블로바

Original Japanese title: MERINGUE NO OKASHI PAVLOVA

Original Japanese edition published by Rittorsha
Korean translation rights arranged with Rittor Music, Inc.
through The English Agency (Japan) Ltd. and Danny Hong Agency.

PHOTOGRAPHY : MIYUKI FUKUO
DESIGN : YUKARI AKAMATSU, NANAE MIKAMO (MdN Design)
STYLING : MARIKO NAKAZATO
WRITING : KAZUKO KITADATE
ILLUSTRATION : SACHICA OTA
PROOFREADING & DTP : KANGARISHA
PRINTING DIRECTION : TETSURO KURIHARA

천상의 맛, 파블로바

PAVLOVA!

오타 사치카 지음 | **김진아** 옮김

Prologue

'파블로바'는 명작인 『빈사의 백조(The dying swan)』로 유명한 세기의 발레리나 안나 파블로바가 매우 사랑한 머랭 디저트로 알려져 있습니다. 안나는 가느다랗고 새하얀 팔다리가 인상적인 아주 아름다운 발레리나였다고 합니다. 영상으로는 거의 남아 있지 않다는 그녀의 춤을 꿈에서라도 좋으니 언젠가 한 번쯤 보고 싶어요.

달걀흰자를 거품 내어 뽀얗게 만든 순백색의 파블로바는 안나의 흰 팔다리를 연상시킵니다. 눈처럼 새하얀 생지에 맞춘 각양각색의 과일과 소스. 아름다운 비주얼이지만 맛보기 위해선 무너뜨려야 하기에 어쩐지 안타깝기도 하답니다.

*

제가 파블로바의 매력을 알게 된 것은 런던의 한 카페를 들렀을 때였습니다. 아직 어렸던 아이들과 손을 잡고 같이 먹으러 간 것이 처음이지요.

유럽에서 머랭 디저트는 어린아이들의 간식 정도로 여기는 경우가 많아요. 어디에서나 저울에 달아 파는 흔한 존재이며, 주인공보다는 조연에 가까운 존재지만, 이 '파블로바'를 만난 덕분에 저는 '머랭도 주인공이 될 수 있어!'라며 감동했던 것을 지금도 기억하고 있습니다.

이 책에서는 새하얀 파블로바를 마음껏 즐길 수 있는 기본 레시피부터 사진으로 남기고 싶을 정도의 컬러풀한 파블로바, 밸런타인데이, 할로윈과 같은 날에 어울리는 특별한 파블로바까지 다채롭게 소개하고 있습니다. 그뿐 아니라 머랭을 만드는 법을 배움으로써 응용하여 만들 수 있는 다양한 과자까지 함께 실었습니다.

어찌 보면 겨우 하나의 디저트일 뿐이지만, 제게는 창조와 파괴의 스토리까지 맛볼 수 있고 아름답게 스러지는 것을 느낄 수 있는 특별한 디저트예요. 입에서 살살 녹는 달콤함은 그야말로 천상의 맛이지요.

가족, 친구, 연인 등 사랑하는 사람들과 테이블을 둘러싸고 앉았을 때, 계절에 꼭 맞는 제철 과일이나 좋아하는 과일을 듬뿍 얹은 '파블로바'가 있다면 행복할 것입니다. 아침 식사, 디저트, 티타임, 저녁 식사 등 어떤 차림상에도 자연스러우면서도 자유로운 스타일의 새로운 '파블로바'를 만들면 분명 멋진 시간을 보낼 수 있을 거예요.

자, 어서 오세요. '파블로바'의 세계로!

머랭 디저트, 파블로바

PAVLOVA

파블로바는 저온으로 서서히 구운 머랭 '토대' 위에 휘핑크림과 제철 과일을 담뿍 올린 아름다운 비주얼의 디저트입니다.
세기의 발레리나 안나 파블로바를 위해 만들어졌다고 하는 이 디저트는 호주 혹은 뉴질랜드가 발상지라고 해요.

먹을 때는 바삭바삭한 머랭과 휘핑크림, 과일을 함께 무너뜨리는데요. 아름다운 데코레이션을 망가뜨리는 게 좀 아까운 기분도 들지만,
이렇게 하는 것이 파블로바를 가장 맛있게 먹는 방법이랍니다.

혀에 닿는 순간 사르르 녹는 머랭과 듬뿍 얹은 휘핑크림, 그리고 상큼한 과일이 입안에서 혼연일체 되어 한 번 먹으면
그 맛에서 헤어 나올 수 없을 정도로 중독적인 맛이지요.

게다가 갓 만든 파블로바라면 최고의 식감과 하모니를 즐길 수 있답니다. 마치 천상의 맛이랄까요?
거부할 수 없는 맛의 파블로바를 여러분도 즐겨보세요.

정해진 형태는 없어요, 재료는 단 3가지랍니다

파블로바의 '토대'가 되는 머랭을 만드는 데 필요한 재료는 달걀흰자, 그래뉴당, 소금 한꼬집, 이 3가지가 전부입니다. 오븐 팬에 생지만 얹으면 자유롭게 모양을 성형할 수 있어서 굳이 정해진 형태를 갖출 필요도 없습니다. 저온으로 구운 생지에 크림과 과일을 얹으면 화려한 비주얼의 파블로바 완성!

STEP

1

생지 만들기

달걀흰자에 소금 한꼬집을 넣고 핸드믹서로 거품을 낸 다음 그래뉴당을 3번에 나누어 넣고 그때마다 섞어줍니다. 머랭의 뿔이 뾰족하게 서서 볼을 거꾸로 세워도 떨어지지 않을 정도로 휘저어주는 것이 포인트예요.

STEP 2

굽기

오븐 시트를 깐 오븐 팬에 생지를 얹고, 100℃ 오븐에서 약 2시간 정도 굽습니다. 생지를 오븐 안에 둔 채 약 30분 정도 한 김 식히는 동안 장식으로 쓸 재료를 준비합니다.

STEP 3

장식하기

머랭 위에 휘핑크림을 듬뿍 얹고 좋아하는 과일을 얹으면 끝. 콩피튀르나 과일 소스를 뿌려도 잘 어울립니다.

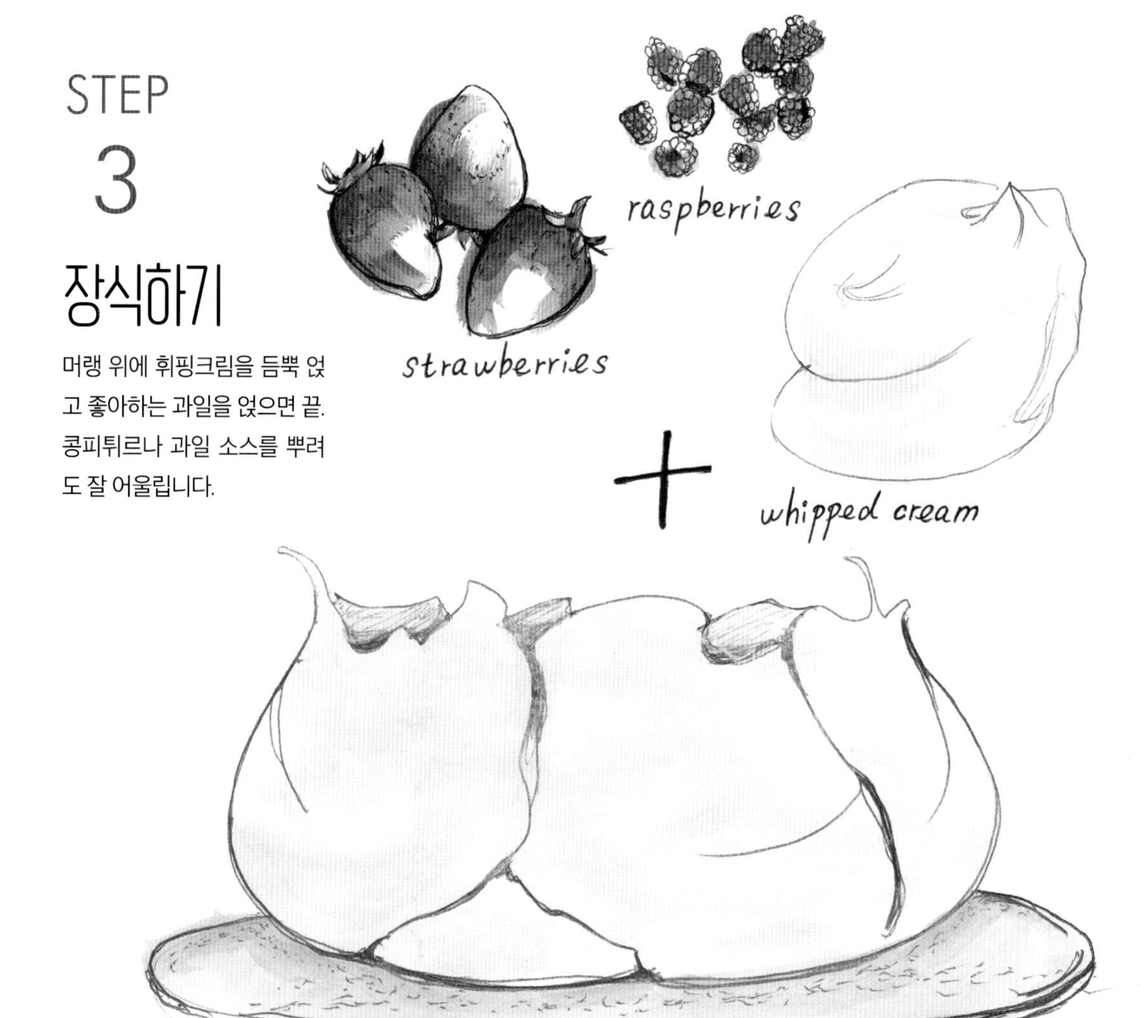

CONTENTS

BASIC PAVLOVA
과일 파블로바

[기본 조리 규칙]

- 분량 단위는 1큰술은 15mL, 1작은술 5mL입니다
- 달걀은 중간 또는 큰 사이즈를 사용하고 있습니다. 달걀이 클수록 흰자의 양이 많아지지만, 설탕이나 소금의 분량을 바꿀 필요는 없습니다.
- 버터는 무염 버터를 사용하고 있습니다.
- 오븐은 기종에 따라 완성 상태에 조금씩 차이가 납니다. 집에서 사용하는 오븐의 상태를 파악할 때까지 굽는 시간이나 온도, 오븐 상단 및 하단 등의 상태를 잘 살피면서 조절해 주세요.
- 가스 오븐을 사용할 경우 설정이 가능하다면 내부 팬을 사용하지 않고 구워주세요.

PART 2

COLORFUL PAVLOVA

컬러풀 파블로바

PART 3

SPECAIL DAY PAVLOVA

특별한 날을 위한 파블로바

PART 4

MERINGUE SWEETS

머랭 과자

PART
1

과일 파블로바

BASIC PAVLOVA

파블로바는 여러 가지 데코레이션으로 꾸밀 수 있지만 과일을 얹어 장식하는 것이 일반적입니다. 그중에서도 딸기나 블루베리를 사용하는 것이 가장 '정통적인 방법'이라고 할 수 있지요. 이 장에서는 딸기, 블루베리, 체리, 망고 등을 사용하여 계절감이 가득 넘치는 과일 파블로바 레시피를 소개하겠습니다.

STRAWBERRY PAVLOVA

딸기 파블로바

가장 기본적인 파블로바를 만들어 봅시다. 만드는 방법은 매우 간단합니다.
파블로바의 생지를 만들고, 굽고, 장식하는 3단계만 거치면 완성입니다.

재료(지름 약 15㎝, 1개분)

파블로바

- 달걀흰자 … 2개분
- 그래뉴당 … 100g
- 소금 … 한꼬집

휘핑크림

- 생크림 … 100mL
- 그래뉴당 … 10g

딸기 … 6~8개

레몬즙 … 약간

준비하기

- 오븐 시트에 지름 약 15cm의 원을 그리고 시트를 뒤집어 오븐 팬에 깐다.
- 오븐은 100℃로 예열한다.
(파블로바가 다 구워지면)
- 딸기는 크기를 맞추어서 2등분(혹은 4등분)으로 자른 다음 레몬즙을 묻힌다.
- 휘핑크림을 만든다. 볼에 생크림을 넣고 그래뉴당을 추가한 후, 얼음물이 들어간 볼에 갖다 대면서 핸드믹서로 80~90%로 휘핑한다.

파블로바 만들기

1 볼에 달걀흰자와 소금을 넣는다.

2 흰자가 완전히 풀어지도록 핸드믹서로 잘 섞는다.

3 전체적으로 색이 하얘지면 그래뉴당 1작은술을 넣고 거품을 낸다.

4 거품이 촘촘해지고 윤기가 나면 그래뉴당 50g을 넣고 거품을 낸다.

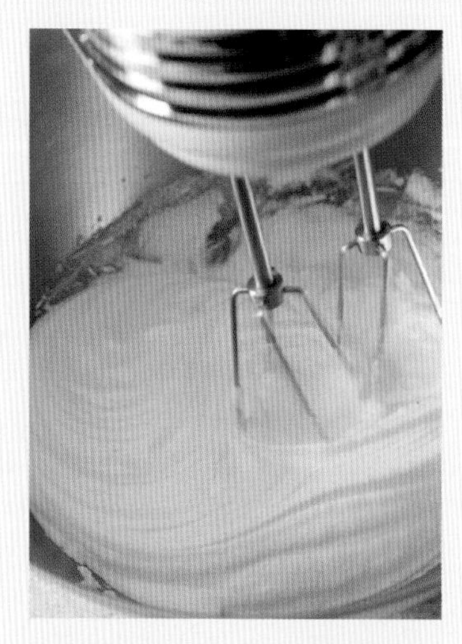

5 더욱 윤기가 나면서 생지가 핸드믹서에 엉겨 붙을 정도의 굳기가 되면, 남은 그래뉴당을 다 넣는다.

볼을 거꾸로 뒤집었을 때 생지가 떨어지지 않을 정도의 굳기가 되면 완성.

6 전체가 매끄러워져서 크림의 뿔이 똑바로 설 때까지 섞는다.

굽기

오븐 시트의 네 귀퉁이에 소량의 머랭을 풀처럼 묻혀두면 작업하기 수월하다

그을리는 것을 방지하고 싶다면, 오븐 상단에 빈 오븐 팬을 넣어 직접 온풍이 닿지 않도록 한다.

오븐 시트에서 깔끔하게 떨어지지 않을 때는 30분 정도 더 굽는다.

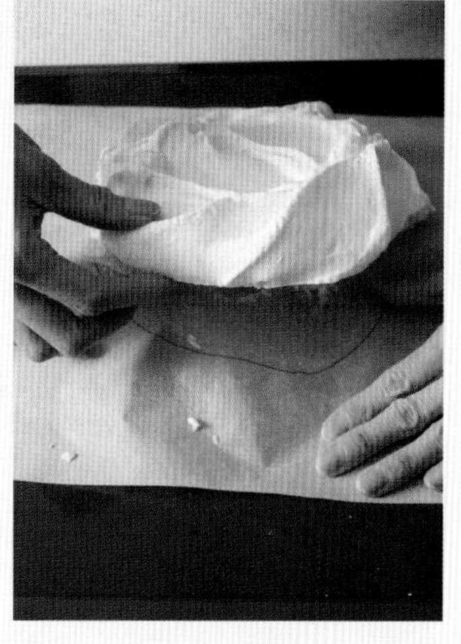

7 오븐 시트에 그린 원의 한가운데에 생지를 얹고 고무주걱으로 형태를 원형으로 다듬는다.

8 윗면의 가운데는 살짝 옴폭하게 들어가도록 하고 가장자리를 올려 성형한다. 이렇게 성형하면 나중에 휘핑크림과 과일을 얹기에 좋다. 예열한 오븐에서 약 2시간 정도 굽는다.

9 다 구우면 그대로 오븐 내부에 약 30분간 두어 한 김 식힌다. 오븐 시트에서 머랭이 깔끔하게 떨어지는 상태가 되면 완성.

장식하기

10 파블로바를 그릇에 담고, 고무주걱으로 준비한 휘핑크림을 위에 펴 바른다.

11 마지막으로 준비한 딸기를 얹어 장식한다.

12 딸기 파블로바 완성!

idea 1

소스 뿌리기

직접 만든 딸기 소스를 뿌려주면 더 예쁘고 맛있게 즐길 수 있어요.

딸기 소스 만드는 법(만들기 쉬운 분량)

냄비에 얇게 썬 딸기 100g, 벌꿀 60mL, 레몬즙 1작은술을 넣고 10분 정도 둔다. 물기가 나오면 약불로 끓이고 걸쭉해지면 불을 끄고 식힌다.

※ 소독한 용기에 담아 냉장고에서 1개월 정도 보관 가능

idea 2

케이크 토퍼로 장식하기

케이크 데코레이션용 토퍼로 장식하면 더욱 화사한 분위기를 연출할 수 있습니다. 상황에 맞추어 글자나 그림을 골라 사용해 주세요.

※ 상품 정보는 P.82~83 참조.

BLUEBERRY PAVLOVA

블루베리 파블로바

블루베리를 과육째 얹고 소스로도 만들어 뿌려 듬뿍 사용했습니다.
블루베리는 딸기와 마찬가지로 파블로바를 만들 때 자주 사용하는 과일 중 하나지요.
소스는 시판 제품을 사용해도 괜찮습니다.

재료(지름 약 15㎝, 1개분)

파블로바

- 달걀흰자 … 2개분
- 그래뉴당 … 100g
- 소금 … 한꼬집

휘핑크림

- 생크림 … 100ml
- 그래뉴당 … 10g

블루베리(장식용) … 100g

블루베리 소스(하단 참조)* … 50mL

* 시판용 블루베리 소스도 가능

준비하기

- 오븐 시트에 지름 약 15cm의 원을 그리고 시트를 뒤집어 오븐 팬에 깐다.
- 오븐은 100℃로 예열한다.

(파블로바가 다 구워지면)

- 휘핑크림을 만든다. 볼에 생크림을 넣고 그래뉴당을 추가한 후, 얼음물이 들어간 볼에 갖다 대면서 핸드믹서로 80~90%로 휘핑한다.

만드는 법

1 P.16의 만드는 법 1~6을 참조하여 생지를 만들고, 만드는 법 7~9와 같이 굽고 한 김 식힌다.

2 파블로바를 그릇에 담고 고무주걱으로 휘핑크림을 위에 펴 바른다. 블루베리 2/3 분량을 얹고 블루베리 소스는 스푼으로 살살 뿌려준 다음 남은 블루베리로 장식한다.

블루베리 소스 만드는 법(만들기 쉬운 분량)

냄비에 블루베리(냉동 블루베리도 가능) 100g, 벌꿀 60mL, 레몬즙 1작은술을 넣고 10분 정도 둔다. 물기가 나오면 약불로 끓이고 걸쭉해지면 불을 끄고 식힌다.

※ 소독한 용기에 담아 냉장고에서 약 1개월 보관 가능

MIXED 3 BERRIES PAVLOVA

3종류의 베리 파블로바

라즈베리, 블루베리, 블랙베리의 세 가지 새콤달콤한 맛이 휘핑크림과 잘 어우러지는 파블로바.
2단으로 포갠 파블로바는 옆에서 봤을 때 과육이 살짝 보이도록 연출하면 더욱 감각적으로 느껴집니다.

재료(지름 약 12㎝, 2개분)

파블로바

- 달걀흰자 … 2개분
- 그래뉴당 … 100g
- 소금 … 한꼬집

휘핑크림

- 생크림 … 100ml
- 그래뉴당 … 10g

베리류

- 라즈베리 … 50g
- 블루베리 … 30g
- 블랙베리 … 30g

준비하기

- 오븐 시트에 지름 약 12cm의 원을 2개 그리고 시트를 뒤집어 오븐 팬에 깐다.
- 오븐은 100℃로 예열한다.

(파블로바가 다 구워지면)

- 휘핑크림을 만든다. 볼에 생크림을 넣고 그래뉴당을 추가한 후, 얼음물이 들어간 볼에 갖다 대면서 핸드믹서로 80~90%로 휘핑한다.

만드는 법

1 P.16의 만드는 법 1~6을 참조하여 생지를 만들고 2등분한 다음, 만드는 법 7~9와 같이 굽고 식힌다.

2 베리는 장식용으로 각각 10g씩 덜어두고, 남은 베리를 볼에 넣어 과육이 보일 정도로 큼직하게 포크로 으깬다(ⓐ).

3 그릇에 1을 한 개 담고 준비한 휘핑크림의 절반을 얹은 다음 2에서 으깬 베리의 절반을 얹는다. 옆에서 봤을 때 베리가 보이도록 파블로바의 옆면에 흘러내리듯 얹어놓는다.

4 3의 위에 남은 1을 포개고(ⓑ), 남은 휘핑크림과 으깬 베리를 순서대로 얹는다. 마지막으로 2에서 덜어둔 베리를 얹어 장식한다.

ⓐ

ⓑ

CHERRY PAVLOVA

아메리칸 체리 파블로바

체리 소스를 골고루 뿌리고 아메리칸 체리를 얹은 다음 큼직하게 부순 초콜릿을 토핑했습니다.
차분한 색감으로 성숙하면서 섹시한 분위기까지 풍기는 파블로바입니다.

재료(지름 약 15㎝, 1개분)

파블로바

- 달걀흰자 … 2개분
- 그래뉴당 … 100g
- 소금 … 한꼬집

휘핑크림

- 생크림 … 100ml
- 그래뉴당 … 10g
- 키르슈바서* … 5mL

체리 소스(하단 참조) … 50mL
아메리칸 체리(꼭지 달린 것)** … 8~10개
판 초콜릿(카카오 70% 이상) … 20g

* 체리와 체리 씨를 원료로 발효 증류한 증류주
** 통조림, 병조림 등의 가공품으로 대체 가능

만드는 법

1 P.16의 만드는 법 1~6을 참조하여 생지를 만들고, 만드는 법 7~9와 같이 굽고 한 김 식힌다.

2 그릇에 1을 담고 고무주걱으로 준비한 휘핑크림을 위에 펴 바른 다음 체리 소스를 골고루 뿌린다. 체리를 얹고 초콜릿을 토핑한다.

준비하기

- 오븐 시트에 지름 약 15cm의 원을 그리고 시트를 뒤집어 오븐 팬에 깐다.
- 오븐은 100℃로 예열한다.

(파블로바가 다 구워지면)

- 초콜릿은 큼직하게 부순다.
- 휘핑크림을 만든다. 볼에 생크림을 넣고 그래뉴당을 추가한 후, 얼음물이 들어간 볼에 갖다 대면서 핸드믹서로 70%로 휘핑한다. 키르슈바서를 넣고 80~90%로 휘핑한다.

체리 소스 만드는 법(만들기 쉬운 분량)

생 체리로 만들기

냄비에 레드와인 100ml, 그래뉴당 25g을 넣고 가열한다. 끓으면 씨를 뺀 체리 50g을 넣고 5분 정도 졸인다. 마지막에 옥수수녹말 1큰술을 같은 양의 물에 녹여 넣고 걸쭉하게 만든다.

통조림 체리로 만들기

냄비에 통조림(혹은 병조림) 체리 100g을 넣고 약불로 가열하다가, 옥수수녹말 1큰술을 같은 양의 물에 녹여 넣고 걸쭉하게 만든다.

※ 소독한 용기에 담아 냉장고에서 약 1개월 정도 보관 가능

PEAR PAVLOVA WITH CARAMEL SAUCE

캐러멜 소스를 뿌린 서양배 파블로바

서양배 콩포트(Compote)를 얹고 쌉싸름한 캐러멜 소스를 뿌려 악센트를 준 파블로바.
비트당, 시나몬 스틱과 함께 조린 서양배는 식히면 투명한 연갈색으로 변해 그윽해져요.

재료(지름 약 15㎝, 1개분)

파블로바

- 달걀흰자 … 2개분
- 그래뉴당 … 100g
- 소금 … 한꼬집

휘핑크림

- 생크림 … 100ml
- 그래뉴당 … 10g
- 마스카르포네 치즈 … 30g

서양배 콩포트(하단 참조) … 1개
아몬드 … 약간
캐러멜 소스(하단 참조) … 50mL

준비하기

- 오븐 시트에 지름 약 15cm의 원을 그리고 시트를 뒤집어 오븐 팬에 깐다.
- 오븐은 100℃로 예열한다.
(파블로바가 다 구워지면)
- 아몬드는 비닐봉지에 넣어 절굿공이로 큼직하게 으깬다.
- 서양배 콩포트는 세로 절반으로 썬다.
- 휘핑크림을 만든다. 볼에 생크림을 넣고 그래뉴당을 추가한 후, 얼음물이 들어간 볼에 갖다 대면서 핸드믹서로 30%로 휘핑한다. 마스카르포네 치즈를 넣고 80~90%로 휘핑한다.

만드는 법

1 P.16의 만드는 법 1~6을 참조하여 생지를 만들고, 만드는 법 7~9와 같이 굽고 한 김 식힌다.

2 그릇에 1을 담고 고무주걱으로 준비한 휘핑크림을 위에 펴 바른다. 서양배 콩포트를 얹고 캐러멜 소스를 뿌린 다음 위에 아몬드를 흩뿌린다.

서양배 콩포트 만드는 법(만들기 쉬운 분량)

냄비에 물 400mL, 비트당 150g, 시나몬 스틱 1개, 클로브* 약간, 레몬 한 조각을 넣고 끓인다. 비트당이 녹으면 껍질을 까서 절반으로 잘라 심지를 뺀 서양배를 두 개 넣고 약불로 10분 정도 끓인다. 불을 끄고 그대로 식힌다.

* 맵싸하고 깔끔한 맛과 강한 향기를 가진 향신료

※ 시럽째로 소독한 용기에 담아, 냉장고에서 약 5일 정도 보관 가능

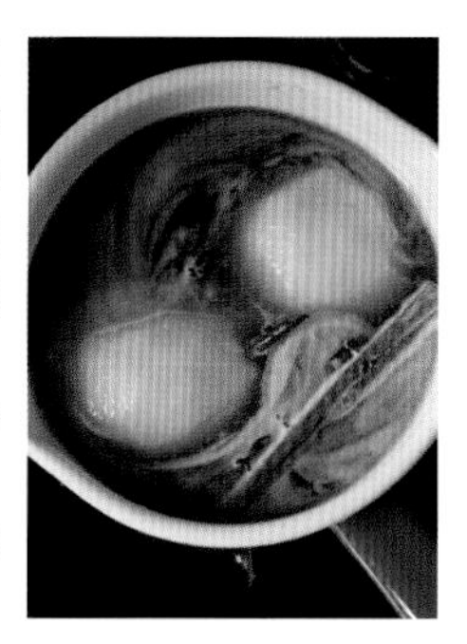

캐러멜 소스 만드는 법(만들기 쉬운 분량)

작은 냄비에 물 20mL와 그래뉴당 100g을 넣고 약불로 끓인다. 진한 갈색이 되면 불을 끄고 뜨거운 물 40mL를 살살 붓는다.

※ 소독한 용기에 담아 냉장고에서 약 1개월 정도 보관 가능. 사용할 때는 필요한 양만큼 꺼내 중탕으로 데워 취향에 맞게 농도를 조절한다.

MARRON AND CHOCOLATE CREAM PAVLOVA

밤과 초콜릿 크림 파블로바

미니 사이즈의 파블로바를 만들어 봅시다.
성형할 때 옆면에 포크로 선을 그어 넣는 것이 포인트예요. 농후한 풍미와 멋들어진 모양새를 즐겨주세요.

가장 오른쪽은 구운 생지를 그릇 위에 얹은 것.
가운데는 그 위에 초콜릿 크림을 펴 바른 것.
가장 왼쪽은 밤을 장식하고 코코아 파우더를 뿌려 완성된 상태.

재료(지름 약 10㎝, 3개분)

파블로바

- 달걀흰자 … 2개분
- 그래뉴당 … 100g
- 소금 … 한꼬집

밀크 초콜릿 크림

- 생크림 … 100ml
- 밀크 초콜릿 … 50g

밤 감로자(세로로 2등분한다) … 15개

코코아 파우더 … 약간

준비하기

- 오븐 시트에 지름 약 10cm의 원을 3개 그리고 시트를 뒤집어 오븐 팬에 깐다.
- 오븐은 100℃로 예열한다.

(파블로바가 다 구워지면)

- 밀크 초콜릿 크림을 만든다. 냄비에 생크림과 초콜릿을 넣고 데워 초콜릿을 녹인다. 한 김 식히면 얼음물이 들어간 볼에 갖다 대면서 핸드믹서로 80~90%로 휘핑한다.

만드는 법

1 P.16의 만드는 법 1~6을 참조하여 생지를 만들고 3등분한다.

2 오븐 시트에 그린 원의 한가운데에 **1**을 얹고 고무주걱으로 형태를 원형으로 가다듬는다. 옆면을 포크로 비스듬하게 위쪽으로 끌어올리듯 선을 넣은 다음, 예열한 오븐에서 약 2시간 굽는다. 오븐 안에 30분간 두어 한 김 식힌다.

3 각각의 그릇에 **2**를 얹고, 고무주걱으로 준비한 밀크 초콜릿 크림을 균일하게 펴 바른(사진 중앙) 다음, 밤 감로자로 장식하고 코코아 파우더를 뿌린다(사진 왼쪽).

CHOCOLATE BANANA PAVLOVA

초코 바나나 파블로바

초콜릿과 바나나는 누구나 인정하는 환상의 궁합이지요.
여기에 큼직하게 부순 아몬드를 뿌리면 훨씬 맛있어집니다. 어른도 어린이도 모두 좋아하는 파블로바입니다.

재료(지름 약 18㎝, 1개분)

파블로바

- 달걀흰자 … 2개분
- 그래뉴당 … 100g
- 소금 … 한꼬집

휘핑크림

- 생크림 … 100ml
- 그래뉴당 … 10g

바나나(편썰기한 것) … 1개 반

아몬드 … 약간

다크 초콜릿(중탕으로 녹인 것) … 20g

준비하기

- 오븐 시트에 지름 약 18cm의 원을 그리고 시트를 뒤집어 오븐 팬에 깐다.
- 아몬드는 비닐봉지에 넣어 절굿공이로 굵게 으깬다.
- 오븐은 100℃로 예열한다.

(파블로바가 다 구워지면)

- 휘핑크림을 만든다. 볼에 생크림을 넣고 그래뉴당을 추가한 후, 얼음물이 들어간 볼에 갖다 대면서 핸드믹서로 80~90%로 휘핑한다.

만드는 법

1 P.16의 만드는 법 1~6을 참조하여 생지를 만들고, 만드는 법 7~9와 같이 굽고 한 김 식힌다.

2 그릇에 **1**을 담고 고무주걱으로 준비한 휘핑크림을 위에 펴 바른다. 바나나를 얹어 장식하고 준비한 녹은 초콜릿을 뿌린 다음 아몬드를 흩뿌린다.

MUSCAT AND WHITE WINE CREAM PAVLOVA

머스캣과 화이트와인 크림 파블로바

화이트와인을 넣어 휘핑크림을 만들었습니다.
어른이 즐길 수 있는 디저트랄까요? 고급스러운 파블로바를 느긋이 즐겨보아요.

재료(지름 약 12㎝, 2개분)

파블로바

- 달걀흰자 … 2개분
- 그래뉴당 … 100g
- 소금 … 한꼬집

휘핑크림

- 생크림 … 100ml
- 그래뉴당 … 40g
- 화이트와인 … 80mL
- 젤라틴 … 5g

머스캣(절반으로 자른다) … 10~20알

준비하기

- 오븐 시트에 지름 약 12cm의 원을 2개 그리고 시트를 뒤집어 오븐 팬에 깐다.
- 오븐은 100℃로 예열한다.

(파블로바가 다 구워지면)

- 화이트와인 크림을 만든다. 냄비에 화이트와인을 넣고 그래뉴당을 추가한 다음 가열하여 녹인다. 끓으면 불을 끄고, 젤라틴을 넣어 한 김 식힌다(Ⓐ). 다른 볼에 생크림을 넣고 얼음물이 들어간 볼에 갖다 대면서 핸드믹서로 60%로 휘핑한 다음, Ⓐ를 조금씩 넣으면서 80~90%로 휘핑한다.

만드는 법

1 P.16의 만드는 법 1~6을 참조하여 생지를 만들어 2등분한 다음, 만드는 법 7~9와 같이 굽고 한 김 식힌다.

2 그릇에 **1**을 담고 화이트와인 크림을 위에 펴 바른다. 머스캣을 얹어 장식한다.

COCONUT AND PINEAPPLE FLOWER PAVLOVA

코코넛과 파인애플 플라워 파블로바

편썰기한 파인애플을 오븐 안에 넣으면 '드라이 파인애플 플라워'를 만들 수 있어요.
이 파블로바에는 휘핑크림이 아닌 그릭 요거트를 사용해 상큼한 풍미로 완성했습니다.

재료(지름 약 12㎝, 2개분)

파블로바

- 달걀흰자 … 2개분
- 그래뉴당 … 100g
- 소금 … 한꼬집
- 코코넛 파우더 … 10g

그릭 요거트 … 200g
메이플 시럽 … 10mL
파인애플 … 200g
코코넛 시럽 … 10g
드라이 파인애플 플라워(하단 참조) … 7~8개

준비하기

- 오븐 시트에 지름 약 12cm의 원을 2개 그리고 시트를 뒤집어 오븐 팬에 깐다.
- 파인애플은 한입 크기로 썬다.
- 오븐은 100℃로 예열한다.

만드는 법

1 P.16의 만드는 법 1~6을 참조하여 생지를 만들고, 코코넛 파우더를 넣어 고무주걱으로 섞는다. 준비한 오븐 팬 위에 2등분한 다음 만드는 법 7~9와 같이 굽고 한 김 식힌다.

2 그릇에 **1**을 하나 담고 그릭 요거트 절반을 얹은 다음 메이플 시럽 절반을 휘휘 뿌린다. 나머지 **1**을 포개고 남은 그릭 요거트를 얹고 메이플 시럽을 뿌린다. 맨 위에 파인애플을 얹고 코코넛 시럽을 뿌린 다음 마지막으로 드라이 파인애플 플라워를 얹어 장식한다.

드라이 파인애플 플라워 만드는 법(만들기 쉬운 분량)

파인애플을 지름 6cm×두께 3mm로 편썰기하고, 가장자리에 1cm 길이의 칼집을 6개 정도 넣는다. 키친페이퍼로 물기를 제거한 다음 거꾸로 세운 작은 종이컵(혹은 머핀 컵) 위에 올려놓는다. 120℃ 오븐에서 30분간 구운 다음, 뒤집어서 20분 더 굽는다.

LEMON CREAM PAVLOVA

레몬 크림 파블로바

레몬즙을 듬뿍 넣은 레몬 크림이 상큼함을 자아내는 파블로바.
토핑으로는 레몬을 그래뉴당으로 졸인 '캔디드 레몬'을 사용했어요.

재료(지름 약 15㎝, 1개분)

파블로바

- 달걀흰자 … 2개분
- 그래뉴당 … 100g
- 소금 … 한꼬집

레몬 크림

- 레몬즙 … 1개
- 버터 … 20g
- 달걀노른자 … 2개분
- 그래뉴당 … 40g
- 박력분 … 5g
- 생크림 … 100mL

캔디드 레몬(하단 참조)* … 전량

* 없으면 생 레몬 슬라이스도 가능. 만드는 법은 하단 참조.

준비하기

- 오븐 시트에 지름 약 15cm의 원을 그리고 시트를 뒤집어 오븐 팬에 깐다.
- 오븐은 100℃로 예열한다.

(파블로바가 다 구워지면)

- 레몬 크림을 만든다. 냄비에 레몬즙과 버터를 넣고 가열하여 녹인 다음 불을 끄고 한 김 식힌다(Ⓐ). 볼에 달걀노른자를 푼 다음 그래뉴당과 박력분을 넣어 거품기로 섞고, 이것을 Ⓐ의 냄비에 조금씩 더하여 녹인다. 다시 약불에 올려 섞은 다음 걸쭉해지면 불을 끄고 식힌다(Ⓑ). 볼에 생크림을 넣어 핸드믹서로 70%로 휘핑한 다음 Ⓑ를 넣어 다시 핸드믹서로 섞는다.

만드는 법

1 P.16의 만드는 법 1~6을 참조하여 생지를 만든다.

2 오븐 시트에 그린 원의 한가운데에 1을 얹고 고무주걱으로 원형으로 가다듬는다. 옆면에 스푼 뒷면을 대고 비스듬하게 위쪽으로 끌어올리듯 무늬를 넣는다(ⓐ). 예열한 오븐에서 약 2시간 굽고, 오븐 안에 30분간 두어 한 김 식힌다.

3 그릇에 2를 담고 고무주걱으로 준비한 레몬 크림을 위에 펴 바른다. 캔디드 레몬으로 장식한다.

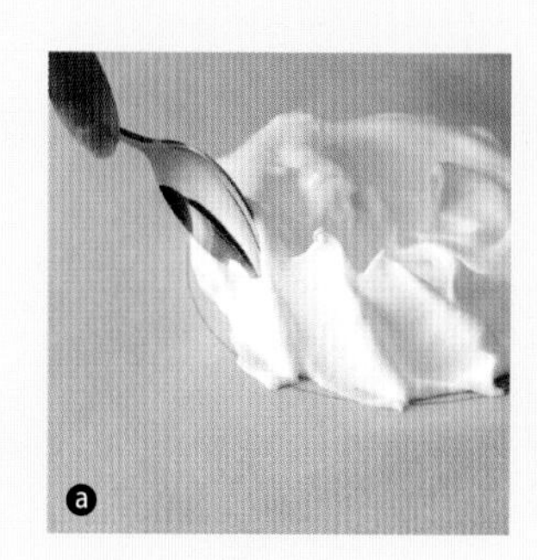
ⓐ

캔디드 레몬 만드는 법(만들기 쉬운 분량)

레몬 1개를 3mm 두께로 편썰기하고 뜨거운 물에 약 1분간 살짝 데친 다음 물에 담근다. 법랑 냄비에 물 200mL와 그래뉴당 200g, 살짝 데친 레몬 슬라이스를 넣고 끓어 넘치지 않도록 주의하면서 아주 약한 약불로 40분간 졸인다. 레몬 슬라이스를 오븐 시트 위에 펼쳐 놓고 한 김 식힌다.

생 레몬 슬라이스 만드는 법

레몬 1개를 3mm 두께로 편썰기하고, 한 곳을 중심부까지 칼집 낸 다음 살짝 비튼다.

MIXED FRUITS PAVLOVA

믹스 후르츠 파블로바

다양한 색깔의 과일이 올라간 컬러풀한 파블로바.
가족 또는 친구들과 모여 즐겁게 수다를 떨면서 먹기 좋습니다. 좋아하는 과일을 얹어서 맛있게 드세요.

재료(지름 약 15㎝, 1개분)

파블로바

- 달걀흰자 … 2개분
- 그래뉴당 … 100g
- 소금 … 한꼬집

휘핑크림

- 생크림 … 100ml
- 그래뉴당 … 10g

자른 과일(키위, 딸기, 오렌지)* … 총 200g

* 파인애플이나 살구 등 취향에 따라 조합해도 된다.

준비하기

- 오븐 시트에 지름 약 15cm의 원을 그리고 시트를 뒤집어 오븐 팬에 깐다.
- 오븐은 100℃로 예열한다.

(파블로바가 다 구워지면)

- 휘핑크림을 만든다. 볼에 생크림을 넣고 그래뉴당을 추가한 후, 얼음물이 들어간 볼에 갖다 대면서 핸드믹서로 80~90%로 휘핑한다.

만드는 법

1. P.16의 만드는 법 1~6을 참조하여 생지를 만들고, 만드는 법 7~9와 같이 굽고 한 김 식힌다.
2. 그릇에 **1**을 담고 고무주걱으로 준비한 휘핑크림을 위에 펴 바른다. 위에 자른 과일을 얹어 장식한다.

MANGO AND CHILI PAVLOVA

망고 칠리 파블로바

망고에 칠리(홍고추)를 토핑으로 곁들인 파블로바.
달달한 망고와 매콤한 칠리의 맛이 절묘하게 어우러집니다. 지금까지 접해본 적 없는 아이디어의 파블로바를 경험해 보세요.

재료(지름 약 12㎝, 2개분)

파블로바

- 달걀흰자 … 2개분
- 그래뉴당 … 100g
- 소금 … 한꼬집

휘핑크림

- 생크림 … 100ml
- 그래뉴당 … 10g

망고(과육)* … 100g
홍고추(씨를 빼고 곱게 썬 것) … 1개
홍고추(장식용) … 2개
망고 소스(하단 참조)** … 50mL

* 냉동 망고도 가능
** 시판용 망고 소스도 가능

준비하기

- 오븐 시트에 지름 약 12cm의 원을 2개 그리고 시트를 뒤집어 오븐 팬에 깐다.
- 망고는 한입 크기로 썰고 곱게 썬 홍고추와 무친다(ⓐ).
- 오븐은 100℃로 예열한다.
  (파블로바가 다 구워지면)
- 휘핑크림을 만든다. 볼에 생크림을 넣고 그래뉴당을 추가한 후, 얼음물이 들어간 볼에 갖다 대면서 핸드믹서로 80~90%로 휘핑한다.

만드는 법

1 P.16의 만드는 법 1~6을 참조하여 생지를 만들고, 만드는 법 7~9와 같이 굽고 한 김 식힌다.

2 그릇에 1을 한 개 담고, 준비한 휘핑크림의 절반을 위에 얹은 다음 망고의 절반을 얹고 위에 망고 소스 절반을 휘휘 뿌린다. 나머지 1을 포개고 남은 휘핑크림과 망고를 순서대로 얹고 망고 소스를 뿌린다. 마지막으로 홍고추로 장식한다.

ⓐ

망고 소스 만드는 법(만들기 쉬운 분량)

망고(과육) 100g, 메이플 시럽 60mL, 레몬즙 1/2개 분량을 믹서에 넣고 간다.
※ 소독한 용기에 담아 냉장고에서 약 2~3일 정도 보관 가능

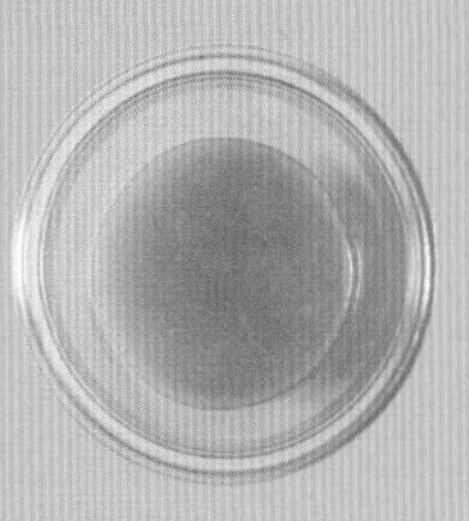

COLUMN 1

콩피튀르와 소스

여러 가지 베리

라즈베리, 4등분한 딸기, 블루베리 각각 50g과 벌꿀 90mL, 레몬즙 1작은술을 냄비에 넣어 10분 정도 두고 물기가 나오면 약불에서 저어주면서 걸쭉하게 만든다.

※ 냉장고에서 약 1개월 정도 보관 가능

프레시 민트 밀크

우유와 생크림 각각 100mL, 그래뉴당 60g을 냄비에 넣어 약불로 끓이고, 여기에 갈아 으깬 프레시 민트 4g, 옥수수녹말 1큰술을 같은 양의 물에 녹여 넣는다. 저어주면서 걸쭉하게 만든다.

※ 냉장고에서 약 1주일 정도 보관 가능

블랙베리 허니

블랙베리 100g과 벌꿀 60mL, 레몬즙 1작은술을 냄비에 넣어 10분 정도 두고 물기가 나오면 약불에서 저어주면서 걸쭉하게 만든다.

※ 냉장고에서 약 1개월 정도 보관 가능

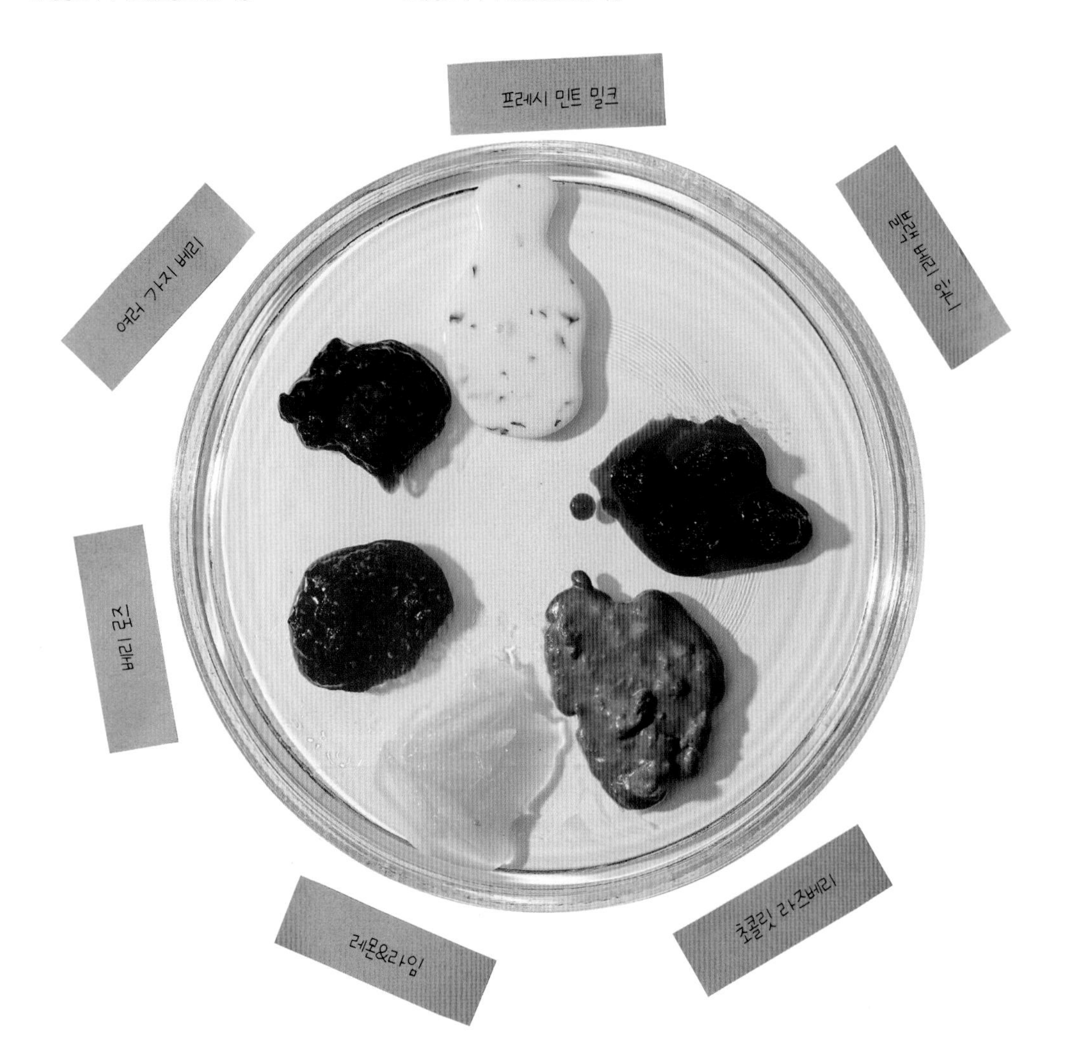

베리 로즈

라즈베리 100g과 그래뉴당 60g, 레몬즙 1작은술을 냄비에 넣어 10분 정도 두고 물기가 나오면 약불에서 저어주면서 걸쭉하게 만든다. 불을 끄고 로즈 오일을 소량 넣는다.

※ 냉장고에서 약 1개월 정도 보관 가능

레몬&라임

레몬 1개의 껍질을 벗기고 껍질과 과육을 함께 데친 다음 굵게 다진다. 냄비에 다시 넣고 껍질을 벗기고 굵게 다진 라임 1개 분량의 과육, 벌꿀 50mL를 넣고 10분 정도 놔두었다가 물기가 나오면 약불에서 저어주면서 걸쭉하게 만든다.

※ 냉장고에서 약 1개월 정도 보관 가능

초콜릿 라즈베리

우유와 생크림을 각각 50mL씩 냄비에 넣어 약불에 얹고 끓기 직전에 불을 끈다. 밀크 초콜릿 140g을 넣어 녹이고 포크로 으깬 라즈베리 25g을 넣고 섞어준다.

※ 냉장고에서 약 2주일 정도 보관 가능

계절 과일과 함께 즐기는 파블로바는 콩피튀르나 과일 소스를 뿌리면 더욱 맛있어지고 비주얼도 훨씬 아름다워집니다. 여기서는 12가지 콩피튀르와 소스의 재료(만들기 적당한 분량)와 만드는 법을 소개합니다.

몽글몽글 포도

믹서로 간 씨 없는 포도 100g, 벌꿀 60mL, 레몬즙 1작은술을 냄비에 넣어 10분 정도 두고 물기가 나오면 약불에 올린다. 옥수수녹말 1큰술을 같은 양의 물에 녹인 것을 넣고 섞으면서 걸쭉하게 만든다.

※ 냉장고에서 약 1개월 정도 보관 가능

애플 시나몬

깍둑썰기한 사과 한 개와 벌꿀 50mL, 레몬즙 1작은술, 시나몬 스틱 1개를 냄비에 넣어 10분 정도 두고 물기가 나오면 약불에서 저어주면서 걸쭉하게 만든다.

※ 냉장고에서 약 1개월 정도 보관 가능

서양배 클로브

잘게 깍둑썰기한 서양배 1개와 벌꿀 50mL, 레몬즙 1작은술, 클로브 4~5개를 냄비에 넣어 10분 정도 두고 물기가 나오면 약불에서 저어주면서 걸쭉하게 만든다. 불을 끄고 클로브를 뺀다.

※ 냉장고에서 약 1개월 정도 보관 가능

유자 일본주

유자 3개는 껍질을 벗기고 껍질과 과육을 함께 데친 다음 굵게 다진다. 냄비에 다시 넣고 벌꿀 50mL, 간 생강 1쪽 분량을 더해 10분 정도 두고 물기가 나오면 일본주 25mL를 넣고 약불에서 저어주면서 걸쭉하게 만든다.

※ 냉장고에서 약 1개월 정도 보관 가능

민스미트

레이즌(건포도), 굵게 다진 드라이 무화과, 드라이 커런트, 깍둑썰기한 사과 각각 80g, 그리고 크리스털 슈가 40g을 볼에 넣은 다음 럼주 200mL를 붓는다. 냉장고에 하루 두었다가 전체를 섞어서 4~5일 후에 먹는다.

※ 냉장고에서 약 6개월 정도 보관 가능

크랜베리와 귤

크랜베리 350g과 벌꿀 100mL, 물 200mL, 시나몬 스틱 1개, 굵게 다진 귤 1개 분량의 과육을 냄비에 넣고 약불로 가열한다. 크랜베리의 껍질이 갈라지면, 뚜껑을 덮고 약 5분 동안 졸여 걸쭉하게 만든다.

※ 냉장고에서 약 1개월 정도 보관 가능

PART
2

컬러풀 파블로바

COLORFUL PAVLOVA

순백색으로 유명한 파블로바도 코코아나 딸기, 말차 등 파우더를 넣으면 다양한 색감으로 변신합니다. 식용 꽃이나 과일 필, 시판 과자, 장식용 아이템으로 화려하게 꾸며주면 나이프로 슥슥 자르는 순간까지 두근두근 설렐 정도로 멋있게 만들 수 있어요.

RAINBOW PAVLOVA

레인보우 파블로바

순백의 파블로바를 천연 식재료를 사용하여 오색으로 물들였습니다.
맛은 물론이고, 어린아이도 안심하고 먹을 수 있는 부드러운 파스텔 색감의 파블로바입니다. 취향에 따라 포개어 보세요!

재료(지름 약 10㎝, 5개분)

파블로바

- 달걀흰자 … 2개분
- 그래뉴당 … 100g
- 소금 … 한꼬집

휘핑크림

- 생크림 … 100ml
- 그래뉴당 … 10g

① 동결건조 라즈베리 … 2g
② 딸기 파우더 … 2g
③ 호박 파우더 … 2g
④ 말차 파우더 … 2g
⑤ 자색 고구마 파우더 … 2g

* 동결건조 라즈베리
으깨지 않고 원래의 형태를 그대로 살려서 데코레이션으로 사용할 수 있다.

준비하기

- 오븐 시트에 지름 약 10cm의 원을 5개 그리고 시트를 뒤집어 오븐 팬에 깐다.
- 오븐은 100℃로 예열한다.

(파블로바가 다 구워지면)

- 휘핑크림을 만든다. 볼에 생크림을 넣고 그래뉴당을 추가한 후, 얼음물이 들어간 볼에 갖다 대면서 핸드믹서로 80~90%로 휘핑한 다음 4등분한다.

만드는 법

1 P.16의 만드는 법 1~6을 참조하여 생지를 만들고 5등분하여 각각 볼에 담는다.

2 ①은 체망에 담아 **1**의 볼 중 하나에 대고 스푼으로 눌러 넣는다(ⓐ). 체망에 남은 과육과 씨도 마저 생지에 넣어 고무주걱으로 섞어준다.

3 남은 **1**의 볼에 각각의 재료 ②~⑤를 넣고(ⓑ), 고무주걱으로 섞는다.

4 오븐 시트에 그린 각각의 원의 한가운데에 **2**와 **3**을 얹고, 고무주걱으로 원형으로 가다듬는다. 예열한 오븐에서 약 2시간 굽고, 오븐 안에 30분간 두어 한 김 식힌다.

5 그릇에 **4**와 준비한 휘핑크림을 취향껏 교대로 포갠다.

ⓐ

ⓑ

위에서부터 라즈베리, 딸기, 호박, 말차, 자색 고구마로 색을 입힌 파블로바. 반짝거리는 불꽃 같은 케이크 토퍼를 꽂아 화려함을 더했어요.

MARBLED PAVLOVA

마블 파블로바

새하얀 파블로바에 초콜릿 소스와 소금 캐러멜 소스로 마블 무늬를 넣었습니다.
달콤하고 쌉쌀한 맛이 더해진 섬세한 풍미의 파블로바를 맛보세요.

재료(지름 약 10㎝, 5개분)

파블로바

- 달걀흰자 … 2개분
- 그래뉴당 … 100g
- 소금 … 한꼬집
- 헤이즐넛 파우더 … 5g

휘핑크림

- 생크림 … 100mL
- 그래뉴당 … 10g

소금 캐러멜 소스(하단 참조) … 5mL

초콜릿 소스(하단 참조) … 5mL

준비하기

- 오븐 시트에 지름 약 10cm의 원을 5개 그리고 시트를 뒤집어 오븐 팬에 깐다.
- 오븐은 100℃로 예열한다.

(파블로바가 다 구워지면)

- 휘핑크림을 만든다. 볼에 생크림을 넣고 그래뉴당을 추가한 후, 얼음물이 들어간 볼에 갖다 대면서 핸드믹서로 80~90%로 휘핑한다.

만드는 법

1 P.16의 만드는 법 1~6을 참조하여 생지를 만들고, 헤이즐넛 파우더를 넣어 고무주걱으로 섞고 5등분한다.

2 오븐 시트에 그린 각각의 원의 한가운데에 **1**을 얹고, 고무주걱으로 원형으로 가다듬는다. 스푼으로 소금 캐러멜 소스, 초콜릿 소스 순서대로 뿌리고 이쑤시개로 적당히 원을 그리듯 선을 그려 마블 무늬를 넣는다(ⓐ).

3 예열한 오븐에서 약 2시간 굽고, 오븐 안에 30분간 두어 한 김 식힌다.

4 그릇에 **3**을 담고 준비한 휘핑크림을 곁들인다. 먹을 때 크림을 찍어 먹는다.

ⓐ

소금 캐러멜 소스 만드는 법(만들기 쉬운 분량)

냄비에 물 20mL와 그래뉴당 100g을 넣고 취향에 맞는 캐러멜 색감이 나올 때까지 가열한다. 굵은소금을 조금 넣고 불을 끈 다음, 뜨거운 물 40mL를 천천히 붓고 저어 섞는다.

※ 소독한 용기에 담아 냉장고에서 약 1개월 정도 보관 가능

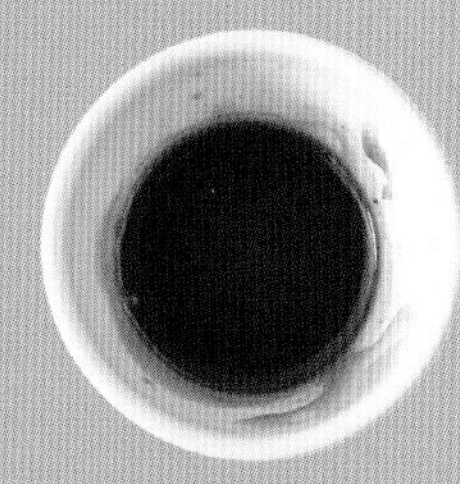

초콜릿 소스 만드는 법(만들기 쉬운 분량)

작은 냄비에 생크림 50mL를 넣고 약불로 데운 다음 불을 끈다(Ⓐ). 다진 다크 초콜릿 100g을 볼에 넣고 Ⓐ를 더하여 섞어 녹인다.

※ 소독한 용기에 담아 냉장고에서 약 2주일 정도 보관 가능

MATCHA PAVLOVA

일본풍 말차 파블로바

말차 파우더를 넣어 일본풍 분위기를 낸 파블로바.
규히(떡처럼 만든 화과자)나 금박을 얹으면 고급스러운 느낌을 낼 수 있고,
휘핑크림에 삶은 팥을 넣으면 완벽한 화과자 느낌의 파블로바로 완성됩니다.

재료(지름 약 15㎝, 1개분)

파블로바

- 달걀흰자 … 2개분
- 그래뉴당 … 100g
- 소금 … 한꼬집
- 말차 파우더 … 5g

휘핑크림

- 생크림 … 100mL
- 삶은 팥 … 40g

말차 파우더(장식용) … 약간
규히(장식용)* … 20g
식용 금박(장식용)** … 약간

* 포장지에 싸인 포션 타입을 사용. 상품 정보는 P.64 참조.

** 식용 금박
가벼워서 쉽게 날아가기 때문에 살며시 만진다. 장식으로 얹을 때는 핀셋을 사용하면 좋다.

준비하기

- 오븐 시트에 지름 약 15cm의 원을 그리고 시트를 뒤집어 오븐 팬에 깐다.
- 짤주머니에 둥근 깍지 #14를 끼운다.
- 오븐은 100℃로 예열한다.

(파블로바가 다 구워지면)

- 휘핑크림을 만든다. 볼에 생크림을 넣어 얼음물이 들어간 볼에 갖다 대면서 핸드믹서로 30%로 휘핑한다. 삶은 팥을 넣고 80~90%로 휘핑한다.

만드는 법

1 P.16의 만드는 법 1~6을 참조하여 생지를 만들고, 말차 파우더를 넣어 섞은 다음 준비한 짤주머니에 넣는다.

2 오븐 시트에 그린 원의 외곽을 따라 바깥에서 중심부를 향해 생지를 짠다. 여기에 포개듯 위에 조금 더 작게 생지를 짜서 한 바퀴 둘러준다(ⓐ). 예열한 오븐에서 약 2시간 굽고, 오븐 안에 30분간 두어 한 김 식힌다.

3 그릇에 **2**를 담고, 준비한 휘핑크림을 한가운데 얹은 다음 말차 파우더를 체 쳐 골고루 뿌린다. 규히를 올리고 맨 위에 금박을 얹는다.

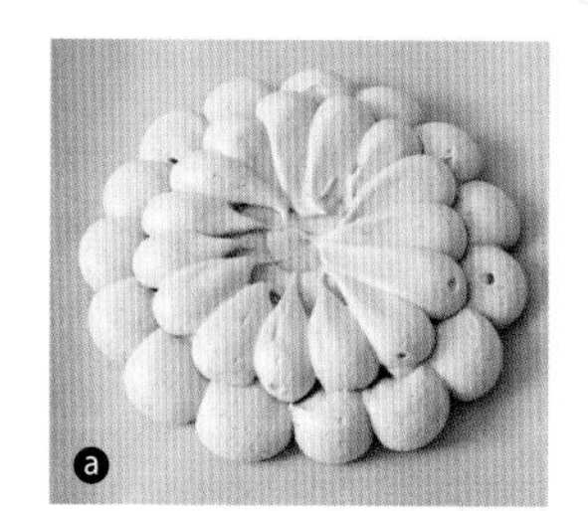
ⓐ

PINK PAVLOVA

핑크 파블로바

딸기 파우더를 넣어 분홍빛으로 물들이고 별 깍지로 짜서 꽃처럼 만든 파블로바.
라즈베리와 식용 제비꽃으로 장식하여 귀엽게 연출하면 보기만 해도 기분이 좋아진답니다.

재료(지름 약 15㎝, 1개분)

파블로바

- 달걀흰자 … 2개분
- 그래뉴당 … 100g
- 소금 … 한꼬집
- 딸기 파우더 … 10g
- 로즈 오일 … 2~3방울

휘핑크림

- 생크림 … 100mL
- 그래뉴당 … 10g

라즈베리(장식용) … 20g
식용 제비꽃(장식용) … 약간

준비하기

- 오븐 시트에 지름 약 15cm의 원을 그리고 시트를 뒤집어 오븐 팬에 깐다.
- 짤주머니에 10발 별 깍지 #14를 끼운다.
- 오븐은 100℃로 예열한다.

(파블로바가 다 구워지면)

- 휘핑크림을 만든다. 볼에 생크림을 넣고 그래뉴당을 추가한 후, 얼음물이 들어간 볼에 갖다 대면서 핸드믹서로 80~90%로 휘핑한다.

만드는 법

1 P.16의 만드는 법 1~6을 참조하여 생지를 만들고, 딸기 파우더와 로즈 오일을 넣어 섞은 다음 준비한 짤주머니에 넣는다.

2 오븐 시트에 그린 원의 한가운데부터 바깥쪽으로 소용돌이를 그리며 **1**을 짠다(이때, 원의 가장자리를 약 1cm 정도 남겨둔다). 그다음 소용돌이 바깥에서 안쪽을 향해 생지를 비스듬한 방향으로 짜서 한 바퀴 둘러준다(ⓐ).

3 예열한 오븐에서 약 2시간 굽고, 오븐 안에 30분간 두어 한 김 식힌다.

4 그릇에 **3**을 담고 준비한 휘핑크림을 고무주걱으로 위에 펴 바른 다음 라즈베리와 식용 제비꽃으로 장식한다.

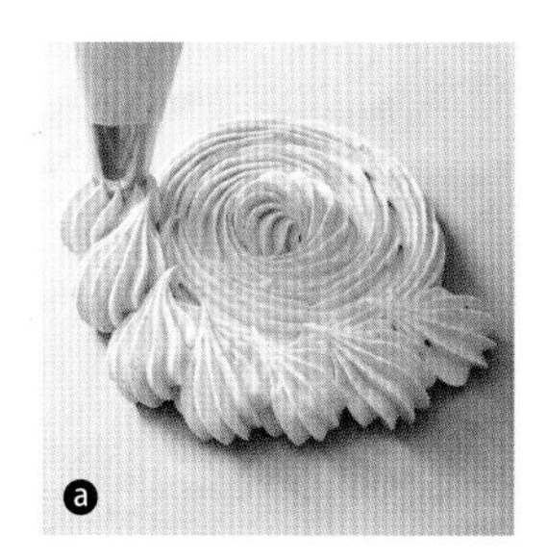
ⓐ

ORANGE AND CHOCOLATE PAVLOVA

오렌지 초콜릿 파블로바

오렌지 소스, 오렌지 필, 드라이 오렌지…
듬뿍 얹은 오렌지가 다크 초콜릿의 깊은 맛을 돋보이게 하는 파블로바입니다.

재료(지름 약 12㎝, 2개분)

파블로바

달걀흰자 … 2개분
그래뉴당 … 100g
소금 … 한꼬집
코코아 파우더 … 5g
쿠앵트로* … 소량

다크 초콜릿 크림

생크림 … 100mL
다크 초콜릿 … 50g

오렌지 소스(하단 참조) … 20mL
오렌지 필(하단 참조)** … 50g
오렌지(장식용)*** … 1/2개

* 오렌지 껍질로 만든 프랑스 리큐어
** 시판용 오렌지 필도 가능
*** 시판용 드라이 오렌지도 가능

준비하기

- 오븐 시트에 지름 약 12cm의 원을 2개 그리고 시트를 뒤집어 오븐 팬에 깐다.
- 장식용 오렌지는 3mm 두께로 편썰기하고 키친페이퍼로 물기를 제거한다.
- 오븐은 100℃로 예열한다.

(파블로바가 다 구워지면)

- 다크 초콜릿 크림을 만든다. 냄비에 생크림과 초콜릿을 넣고 데워 초콜릿을 녹인다. 한 김 식히면 얼음물이 들어간 볼에 갖다 대면서 핸드믹서로 80~90%로 휘핑한다.

만드는 법

1 P.16의 만드는 법 1~6을 참조하여 생지를 만들고, 코코아 파우더와 쿠앵트로를 넣어 섞은 다음 2등분한다.

2 오븐 시트에 그린 원의 한가운데에 **1**을 얹고 고무주걱으로 원형으로 가다듬는다. 오븐 팬의 빈 곳에 미리 준비했던 장식용 오렌지를 얹고, 예열한 오븐에서 약 2시간 굽는다. 오븐 안에 30분간 두어 한 김 식힌다.

3 그릇에 **2**의 파블로바를 한 개 담고, 준비한 다크 초콜릿 크림 절반을 얹은 다음 오렌지 필 절반을 얹는다. 나머지 파블로바를 포개고 다크 초콜릿 크림과 오렌지 필을 얹은 다음 오렌지 소스를 뿌린다. 마지막으로 **2**의 장식용 오렌지를 꽂아 마무리한다.

오렌지 소스 만드는 법(만들기 쉬운 분량)

냄비에 오렌지 과육 1/2개 분량, 오렌지즙 100mL, 벌꿀 50mL, 레몬즙 1작은술을 넣고 약불에서 섞으면서 걸쭉하게 만든다.

※ 소독한 용기에 담아 냉장고에서 약 1주일 정도 보관 가능

오렌지 필 만드는 법(만들기 쉬운 분량)

오렌지 1개분의 껍질을 얇게 썰어 뜨거운 물에 약 1분간 살짝 데친 다음, 물에 담갔다가 체로 건진다. 냄비에 넣고 물 200mL와 그래뉴당 200g을 넣는다. 거품을 건져내며 떫은기를 없애고 끓어 넘치지 않도록 주의하며 아주 약한 약불로 1시간 정도 졸인다.

※ 소독한 용기에 담아 냉장고에서 약 1개월 정도 보관 가능

MARSHMALLOW CREAM PAVLOVA

마시멜로 크림 파블로바

생크림과는 색다른 맛을 가진 마시멜로 크림 '플러프(Fluff)'를 넣어 만들었어요.
구우면 몽실하게 부풀어 오른답니다. 짭짤한 프레첼과 함께 먹으면 색다른 파블로바의 세계가 펼쳐지지요.

재료(지름 약 15㎝, 1개분)

파블로바

- 달걀흰자 … 2개분
- 그래뉴당 … 100g
- 소금 … 한꼬집
- 시나몬 파우더 … 5g

마시멜로 크림 「플러프(바닐라맛)」* … 100g
미니 프레첼 … 1봉지
판 초콜릿 … 10g

* 일반 마시멜로도 가능. 상품 정보는 P.65 참조.

준비하기

- 오븐 시트에 지름 약 15cm의 원을 그리고 시트를 뒤집어 오븐 팬에 깐다.
- 판 초콜릿은 굵게 다진다.
- 오븐은 100℃로 예열한다.

만드는 법

1 P.16의 만드는 법 1~6을 참조하여 생지를 만들고, 시나몬 파우더를 넣어 고무주걱으로 섞는다.

2 오븐 시트에 그린 원의 한가운데에 **1**을 얹고 고무주걱으로 원형으로 가다듬는다. 예열한 오븐에서 약 2시간 굽고, 오븐 안에 30분간 두어 한 김 식힌다.

3 오븐 온도를 200℃로 올려 다시 예열한다. 오븐 팬에서 떼지 않은 **2**에 플러프를 올리고(ⓐ), 예열한 오븐에 오븐 팬을 통째로 다시 넣어 약 4분 정도 노릇하게 구워낸다.

※ 플러프가 단단한 경우, 전자레인지에서 30초 정도 가열한 뒤 사용한다.

4 오븐에서 꺼내어 오븐 시트를 벗겨내고 그릇에 얹는다. 위에 초콜릿과 미니 프레첼을 얹어 장식한다.

※ 뜨거우니 주의. 토핑으로 얹은 초콜릿은 남은 열기로 인해 먹음직스럽게 살짝 녹아내린다.

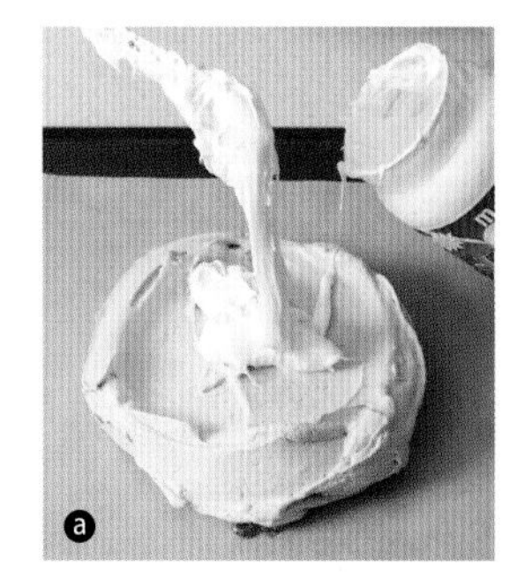
ⓐ

OREO PAVLOVA WITH NUTELLA CREAM

오레오 누텔라 파블로바

어린이들에게 인기 있는 과자인 오레오를 넣어 화려하게 만든 파블로바.
코코아 비스킷이나 초콜릿 스프레드를 파블로바 생지나 휘핑크림에 섞으면
아이 뿐 아니라 어른들도 저도 모르게 손이 가는 맛으로 완성됩니다.

재료(약 15×20㎝, 1개분)

파블로바

- 달걀흰자 … 2개분
- 그래뉴당 … 100g
- 소금 … 한꼬집
- 코코아 파우더 … 5g
- 미니 오레오* … 3개

누텔라 크림

- 생크림 … 100mL
- 누텔라** … 50g

미니 오레오(장식용) … 13개

* 시판용 코코아 비스킷도 가능

** 시판용 초콜릿 스프레드도 가능. 상품 정보는 P.65 참조.

준비하기

- 오븐 시트에 약 15×20㎝ 크기의 사각형을 그리고 시트를 뒤집어 오븐 팬에 깐다.
- 파블로바 생지에 넣을 오레오는 손으로 부수고, 장식용은 반으로 쪼갠다.
- 오븐은 100℃로 예열한다.
(파블로바가 다 구워지면)
- 누텔라 크림을 만든다. 볼에 생크림을 넣어 얼음물이 들어간 볼에 갖다 대면서 핸드믹서로 30%로 휘핑한다. 누텔라를 넣은 다음 80~90%로 휘핑한다.

만드는 법

1. P.16의 만드는 법 1~6을 참조하여 생지를 만들고, 코코아 파우더와 준비한 파블로바용 오레오 2/3 분량을 넣고 가볍게 섞어준다(ⓐ)(ⓑ).
2. 오븐 시트에 그린 사각형 한가운데에 **1**을 얹고 고무주걱으로 사각형에 맞추어 다듬는다(ⓒ). 가장자리를 따라 남은 파블로바용 오레오를 꽂아 넣듯이 얹고(ⓓ), 예열한 오븐에서 약 2시간 굽는다. 오븐 안에 30분간 두어 한 김 식힌다.
3. 그릇에 **2**를 담고 고무주걱으로 누텔라 크림을 위에 펴 바른다. 장식용 오레오를 크림에 꽂아 장식한다.

ROSE BUTTER CREAM PAVLOVA SANDWICH

로즈 버터크림 파블로바 샌드

한입 사이즈의 귀여운 파블로바 샌드입니다.
머랭 사이 분홍색 버터크림은 컵케이크에 짜 올리면 귀여운 토핑이 된답니다.

재료(지름 약 3㎝ 샌드, 15개분)

파블로바

- 달걀흰자 … 1개분
- 그래뉴당 … 50g
- 소금 … 한꼬집
- 로즈 시럽* … 1작은술

로즈 버터크림(하단 참조) … 50g

* 로즈 시럽 「모닌」
논 알코올의 장미 풍미 시럽. 어린이용 과자에도 사용할 수 있다.

준비하기

- 오븐 팬에 오븐 시트를 깐다.
- 파블로바용 짤주머니에 15발 별 깍지 #6B를 끼운다.
- 크림용 짤주머니에 둥근 깍지 #12를 끼운다.
- 오븐은 100℃로 예열한다.

만드는 법

1 P.16의 만드는 법 1~6을 참조하여 생지를 만들고, 로즈 시럽을 넣어 고무주걱으로 섞고 파블로바용 짤주머니에 넣는다.

2 오븐 팬에 지름 3cm로 30개를 짠 다음, 예열한 오븐에서 약 1시간 30분 굽는다. 오븐 안에 30분간 두어 한 김 식힌다.

3 **2**가 완전히 식으면 크림용 짤주머니에 로즈 버터크림을 넣고, **2**를 2개씩 한 쌍으로 하여 평평한 면에 크림을 적당히 짜서 포갠다.

로즈 버터크림 만드는 법(만들기 쉬운 분량)

실온에 둔 버터 100g에 슈가 파우더 300g, 로즈 시럽 1작은술을 넣어 거품기로 잘 섞는다. 식용 색소(붉은색)를 소량 섞어 분홍색으로 물들인다.
※ 크림을 한데 모아 랩으로 단단히 감싸 냉동고에서 약 1개월 정도 보관 가능. 해동할 때는 실온에서 자연 해동한다.

로즈 버터크림은 컵케이크의 크림으로도 사용할 수 있다. 사진은 9발 별 깍지 #15C를 끼운 짤주머니에 로즈 버터크림을 넣고 시판용 컵케이크 위에 짠 것.

EARL GRAY TEA CREAM PAVLOVA SANDWICH

얼그레이 크림 파블로바 샌드

은은한 홍차색으로 물들인 파블로바에 얼그레이 풍미의 크림을 끼운 고상한 느낌의 머랭 샌드.
블랙베리의 산미가 악센트를 줍니다.

재료(지름 약 5㎝ 샌드, 4개분)

파블로바

- 달걀흰자 … 1개분
- 그래뉴당 … 50g
- 소금 … 한꼬집
- 홍차 파우더 … 5g

얼그레이 크림

- 생크림 … 100mL
- 얼그레이 티백 … 1개
- 화이트 초콜릿(다진 것) … 150g

블랙베리* … 12개

* 없으면 냉동 제품도 가능

준비하기

- 오븐 팬에 오븐 시트를 깐다.
- 짤주머니에 둥근 깍지 #14를 끼운다. 그리고 깍지를 끼우지 않은 짤주머니를 파블로바용, 크림용으로 각각 하나씩 준비한다.**
- 오븐은 100℃로 예열한다.

(파블로바가 다 구워지면)

- 얼그레이 크림을 만든다. 냄비에 생크림을 넣고 약불로 끓기 직전까지 데우고, 티백을 담가 3~5분 정도 지나면 꺼낸다(Ⓐ). 화이트 초콜릿을 담은 볼에 Ⓐ를 넣고, 넣을 때마다 고무주걱으로 저어서 녹인다.

** 똑같은 사이즈의 둥근 깍지가 2개 있는 경우, 그 깍지를 끼운 짤주머니를 2개 준비해도 된다.

만드는 법

1 P.16의 만드는 법 1~6을 참조하여 생지를 만들고, 홍차 파우더를 넣어 고무주걱으로 잘 섞는다.

2 파블로바용 짤주머니에 **1**을 넣고 끝부분을 가위로 자른 다음 둥근 깍지를 끼운 짤주머니 안에 끼워 세팅한다.

3 오븐 팬에 지름 5cm로 8개를 짠다. 이때 샌드 윗부분이 되는 파블로바는 끌어올리는 것처럼 뿔을 세워 짜고, 아랫부분이 되는 것은 표면을 평평하게 만들어 짠다(ⓐ).

4 예열한 오븐에서 약 1시간 30분 굽고, 오븐 안에 30분간 두어 한 김 식힌다.

5 **4**가 완전히 식으면 크림용 짤주머니에 얼그레이 크림을 넣고 끝부분을 가위로 자른 다음 둥근 깍지를 끼운 짤주머니 안에 끼워 세팅한다. 아랫부분이 되는 파블로바의 평평한 면에 크림을 적당량 짠다.

6 **5**의 크림 위에 블랙베리를 3개씩 얹고, 그 위에 **5**의 얼그레이 크림을 짠 다음 윗부분이 되는 파블로바(뿔이 선 모양의 파블로바)를 얹는다.

ⓐ

COLUMN 2

예쁜데다 맛있는 데코레이션

파블로바의 데코레이션으로 쓰는 아이템들은 대부분 식용 가능하고 게다가 맛있기까지 합니다.
비스킷이나 마시멜로, 스프레드 등 시판용 제품을 사용해서 재밌고 특별한 분위기를 연출해 봅시다.

① **캔디 케인 [크리스마스 리스 파블로바]**
지팡이 모양으로 세공된 사탕. 예쁜 색감을 내기 위해 깨뜨려 사용하거나 트리 장식처럼 사용한다.

② **규히 [일본풍 말차 파블로바]**
찹쌀가루가 원료인 화과자. 쫀득한 식감이 특징이다.

③ **스프링클 [머랭 키세스, 머랭 팝스]**
꽃이나 하트 모양, 혹은 공 모양 등 다양한 형태를 가진 토핑용 설탕 과자.

④ **슈가 아이싱 [핼러윈 유령 파블로바]**
설탕으로 만든 눈알 과자. 장난스러운 표정을 만들 때 편리하다.

⑤ **아몬드 드라제 [이스터 네스트 파블로바]**
아몬드를 설탕으로 코팅한 과자.

⑥ **아라잔 [생일 파블로바]**
은색 입자로 된 설탕 과자로 입자 크기가 조금씩 다르다.

⑦ **솜사탕**

스틱에 끼우는 식으로 연출해도 좋다.

⑧ **플러프 [마시멜로 크림 파블로바]**

휘핑된 상태의 마시멜로로, 생지와 함께 굽기도 한다. 사진 속 플러프는 바닐라맛.

⑨ **미니 프레첼 [마시멜로 크림 파블로바]**

매듭처럼 꼬인 형태가 특징인 과자. 짭짤한 맛이 악센트를 준다.

⑩ **코코아 비스킷 [오레오 누텔라 파블로바]**

쿠키의 무늬가 멋들어진 오레오가 특히 유명하다. 이 책에서는 미니 사이즈를 사용했다.

⑪ **누텔라 [오레오 누텔라 파블로바]**

헤이즐넛 풍미의 초콜릿 스프레드. 빵에 발라 먹는 게 가장 일반적이다.

⑫ **식용 꽃 [핑크 파블로바/크리스마스 리스 파블로바/이튼 메스]**

자연스러운 색감을 더하고 싶을 때 마무리 장식으로 사용한다.

PART

3

특별한 날을 위한 파블로바

SPECAIL DAY PAVLOVA

생일, 크리스마스, 핼러윈, 밸런타인데이 등 특별한 날을 위해 아주 개성 있는 파블로바를 만들어 보아요. 특정한 형태를 고집하지 않아도 되기 때문에 생김새도 색감도 자유자재로 표현하면서 테마에 맞추어 마음껏 꾸밀 수 있습니다.

HAPPY
BIRTHDAY

스펀지케이크에 파블로바 모자를 씌운 것처럼 만들어졌어요.
단면도 귀여워요

BIRTHDAY PAVLOVA

생일 파블로바

소중한 사람의 생일에 축하하는 마음을 담아 만들어 주세요.
스펀지케이크에 데코레이션한 다음 그 위에 파블로바를 얹고 딸기 파우더를 뿌려 아주 귀엽게 단장했습니다.

재료(지름 약 15㎝, 1개분)

파블로바

- 달걀흰자 … 1개분
- 그래뉴당 … 50g
- 소금 … 한꼬집
- 딸기 파우더 … 5g

휘핑크림

- 생크림 … 100mL
- 그래뉴당 … 10g

스펀지케이크용 시럽

- 그래뉴당 … 25g

스펀지케이크(시판용)* … 지름 15cm 원형 1개
딸기 … 10~15개
아라잔(큰 입자 및 작은 입자/장식용)** … 각각 적당량
딸기 파우더(장식용) … 적당량

* 스펀지케이크를 직접 만드는 경우, P.71 오른쪽 레시피 참조.

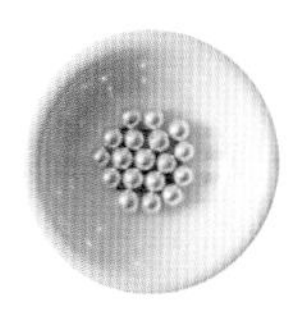

** 아라잔(큰 입자)
입자가 커서 화려하고 존재감도 돋보인다. 상품 정보는 P.64 참조.

준비하기

- 오븐 시트에 지름 약 15cm의 원을 그리고 시트를 뒤집어 오븐 팬에 깐다.
- 짤주머니에 둥근 깍지 #14를 끼운다. 그리고 깍지를 끼우지 않은 짤주머니를 파블로바용, 휘핑크림용으로 각각 하나씩 준비한다.***
- 오븐은 100℃로 예열한다.

(파블로바가 다 구워지면)

- 스펀지케이크용 시럽을 만든다. 냄비에 물 50mL와 그래뉴당을 넣고 약불로 가열하면서 저어 녹인 다음 불을 끄고 식힌다.
- 휘핑크림을 만든다. 볼에 생크림을 넣고 그래뉴당을 추가한 후, 얼음물이 들어간 볼에 갖다 대면서 핸드믹서로 80~90%로 휘핑한다.

*** 똑같은 사이즈의 둥근 깍지가 2개 있는 경우, 그 깍지를 끼운 짤주머니를 2개 준비해도 된다.

만드는 법

1 P.16의 만드는 법 1~6을 참조하여 생지를 만들고, 딸기 파우더를 넣어 고무주걱으로 섞는다.

2 파블로바용 짤주머니에 1을 넣고 끝부분을 가위로 자른 다음, 둥근 깍지를 끼운 짤주머니 안에 끼운다. 오븐 시트에 그린 원 한가운데부터 소용돌이 모양으로 생지를 짠다.
※ 둥근 깍지를 끼운 짤주머니는 휘핑크림을 짤 때 다시 사용해야 하므로, 2의 짤주머니를 빼서 깍지를 깨끗이 닦아둔다. 마지막에 케이크를 장식할 때 토퍼를 꽂을 위치에 미리 대나무 꼬치로 구멍을 내두면 좋다.

3 예열한 오븐에서 약 1시간 30분 굽고, 오븐 안에 30분간 두어 한 김 식힌다.

4 스펀지케이크 위에 스펀지케이크용 시럽을 솔로 바르고(ⓐ), 휘핑크림 1/3 분량을 펴 바른다(ⓑ).

5 남은 휘핑크림의 절반을 휘핑크림용 짤주머니에 넣고 끝부분을 가위로 자른 다음 둥근 깍지를 끼운 짤주머니 안에 끼운다. 바깥을 따라 같은 간격으로 딸기를 배치한 다음, 휘핑크림을 딸기 사이에 짜 넣는다(ⓒ). 안쪽 공간에 남은 딸기를 얹고(ⓓ), 딸기 사이를 메우듯 남은 휘핑크림을 짠다(ⓔ).

6 3을 포개고(ⓕ), 딸기 파우더를 체 쳐 뿌린 다음 아라잔을 흩뿌린다.
※ 취향에 맞는 케이크 토퍼를 꽂아 장식하면 더욱 화사한 분위기가 연출된다.

ⓐ

ⓑ

ⓒ

수제 스펀지케이크 만드는 법

재료(지름 15cm 원형 1개분)

달걀 … 2개
그래뉴당 … 55g
박력분 … 35g
옥수수녹말 … 15g
녹인 버터 … 20mL

준비하기

- 오븐은 170℃로 예열한다.

만드는 법

1 볼에 달걀과 그래뉴당을 넣고 핸드믹서로 거품을 낸다.

2 전체적으로 색이 하얗게 변하면서 묵직한 감이 생기면, 박력분과 옥수수녹말을 체 쳐 넣고 나무주걱으로 가볍게 섞는다. 마지막으로 녹인 버터를 넣고 전체적으로 골고루 섞는다.

3 케익 틀에 넣고 예열한 오븐에서 약 25분 굽는다. 대나무 꼬치로 찔러보았을 때 생지가 달라붙지 않으면 완성.

4 틀에서 떼어내어 식힘망 위에 거꾸로 놓고 한 김 식힌다.

HALLOWEEN HAUNTED PAVLOVA

핼러윈 유령 파블로바

머랭으로 만든 귀여운 유령 아래에는 진한 호박 크림이 듬뿍.
블루베리 소스와 함께 섞어 먹으면 맛있어요!

재료(지름 약 15㎝, 1개분)

파블로바

- 달걀흰자 … 2개분
- 그래뉴당 … 100g
- 소금 … 한꼬집

휘핑크림

- 생크림 … 100mL
- 그래뉴당 … 10g
- 크림치즈(실온에서 녹인다) … 30g

식용 색소(검은색)* … 약간
스프링클(눈알 장식) … 적당량
호박 크림(하단 참조) … 100g
블루베리 소스(P.21 참조) … 50mL

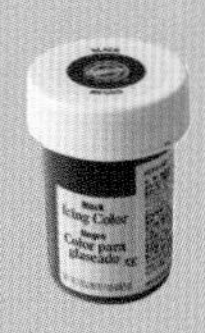

* 식용 색소(검은색)
아이싱 쿠키 등에 무늬를
그릴 때 편리하다.

준비하기

- 오븐 시트에 지름 약 15cm의 원을 그리고 시트를 뒤집어 오븐 팬에 깐다.
- 짤주머니에 둥근 깍지 #14를 끼운다.
- 오븐은 100℃로 예열한다.

ⓐ

ⓑ

만드는 법

1 P.16의 만드는 법 1~6을 참조하여 생지를 만들고, 2/3 분량을 고무주걱으로 오븐 시트에 그린 원 안쪽에 펴 바른 다음, 스푼으로 측면을 끌어올리듯 뿔을 세운다(ⓐ).

2 남은 **1**을 짤주머니에 넣고 오븐 팬의 남은 공간에 유령 머랭 8~10개를 짠다. 양이 남을 경우 **1**에 뿔이 서도록 짠다(ⓑ).
※ 짤주머니를 꾹꾹 누르거나 살짝 밀어내듯 짜면 다양한 형태와 분위기의 유령 머랭이 만들어진다.

3 이쑤시개에 식용 색소를 묻혀서 **2**의 유령 머랭에 얼굴을 그리고 스프링클을 붙인다.
※ 좌우로 눈의 크기를 바꾸거나 선 굵기에 강약을 조절하면 개성 있는 표정이 완성된다.

4 예열한 오븐에서 약 2시간 굽고, 오븐 안에 30분간 두어 한 김 식힌다.

5 파블로바가 다 구워지면 휘핑크림을 만든다. 볼에 생크림을 넣고 그래뉴당을 추가한 후, 얼음물이 들어간 볼에 갖다 대면서 핸드믹서로 30%로 휘핑한다. 크림치즈를 넣고 80~90%로 휘핑한다.

6 그릇에 **4**의 파블로바를 담고 고무주걱으로 **5**를 얹어 펴 바른다. 블루베리 소스를 뿌리고 **4**의 유령 머랭을 얹어 장식한다.

호박 크림 만드는 법(만들기 쉬운 분량)

껍질과 씨앗이 붙은 속을 제거하고 찐 단호박 100g과 생크림 50mL, 비트당 10g을 냄비에 넣고 단호박을 으깨면서 약불로 가열한다. 전체적으로 섞이면 버터 10g을 넣고 페이스트 상태가 될 때까지 섞는다.
※ 소독한 용기에 담아 냉장고에서 약 2주일 정도 보관 가능

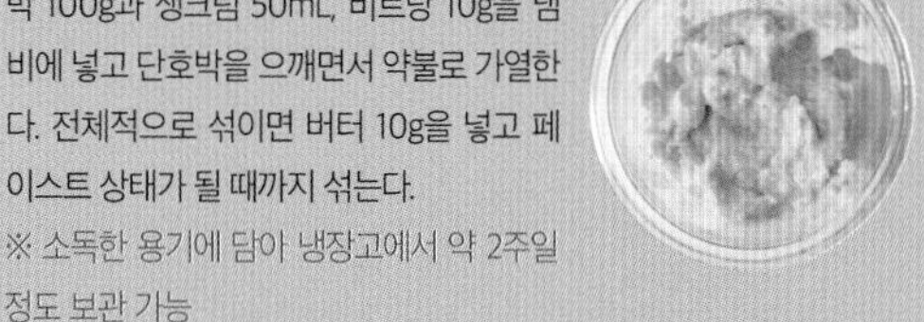

CHRISTMAS PAVLOVA WREATH

크리스마스 리스 파블로바

리스 모양으로 구운 파블로바에 붉은색과 녹색으로 데코레이션하면 완벽한 크리스마스 분위기로 완성됩니다.
휘핑크림은 샴페인으로 맛을 냈습니다. 어린이용으로 만들고 싶다면 샴페인 대신 애플타이저를 사용해 주세요.

재료(바깥지름 약 18×내부지름 15㎝, 1개분)

파블로바

- 달걀흰자 … 2개분
- 그래뉴당 … 100g
- 소금 … 한꼬집
- 바닐라 빈 … 1/4개

휘핑크림

- 생크림 … 100mL
- 샴페인 … 80mL
- 그래뉴당 … 40g
- 젤라틴 … 5g

딸기(장식용) … 10개
피스타치오(장식용) … 10g
식용 꽃(장식용) … 적당량
캔디 케인(장식용)* … 적당량

* 지팡이 모양의 캔디. 상품 정보는 P.64 참조.

준비하기

- 오븐 시트에 지름 약 18cm의 원을 그리고 시트를 뒤집어 오븐 팬에 깐다.
- 파블로바용 짤주머니에 둥근 깍지 #14를 끼우고, 휘핑크림용 짤주머니에는 7발 별 깍지 #12C를 끼운다.
- 오븐은 100℃로 예열한다.

(파블로바가 다 구워지면)

- 휘핑크림을 만든다. 냄비에 샴페인과 그래뉴당을 넣고 가열하여 설탕이 모두 녹으면 불을 끄고 젤라틴을 넣어 섞으면서 한 김 식힌다(Ⓐ). 볼에 생크림을 넣고 얼음물이 들어간 볼에 갖다 대면서 핸드믹서로 60%로 휘핑한다. Ⓐ를 조금씩 넣고 넣을 때마다 섞으면서 80~90%로 휘핑한다.
- 바닐라 빈은 세로로 칼집을 넣고 씨앗을 긁어낸다.
- 딸기는 세로로 2~4등분한다. 피스타치오는 껍질을 벗기고, 캔디 케인은 손으로 부러뜨려(혹은 절굿공이로 빻아서) 큼직하게 부순다.

만드는 법

1 P.16의 만드는 법 1~6을 참조하여 생지를 만들고, 바닐라 빈 씨앗을 넣어 고무주걱으로 섞는다.

2 파블로바용 짤주머니에 **1**을 넣고, 오븐 시트에 그려진 선을 따라 리스 모양으로 짜서 잇는다(ⓐ).

3 한 바퀴 둘러 짠 다음 그 위에 나머지 생지를 짜서 리스의 볼륨감을 살린다(ⓑ). 고무주걱으로 옆면을 매끄럽게 다듬는다(ⓒ).

4 예열한 오븐에서 약 2시간 굽고, 오븐 안에 30분간 두어 한 김 식힌다.

5 그릇에 **4**의 파블로바를 담고, 휘핑크림을 크림용 짤주머니에 넣어 윗면에 나선을 그리듯 짠다.

6 딸기를 얹어 장식하고 피스타치오와 식용 꽃, 캔디 케인을 뿌린다.

ⓐ

ⓑ

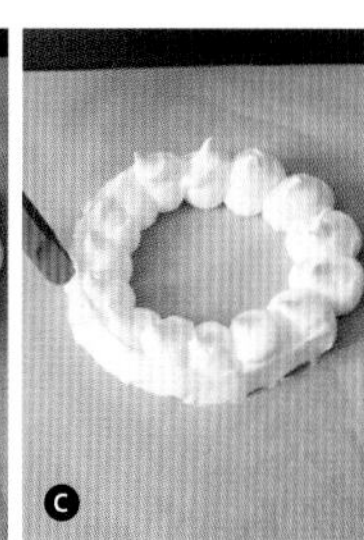
ⓒ

NEW YEAR'S SCOOP PAVLOVA

해피 뉴 이어 스쿱 파블로바

모두가 즐겁게 이야기하면서 나누어 먹는 스쿱 케이크 스타일의 파블로바입니다.
라즈베리의 붉은색과 휘핑크림, 파블로바의 순백색이 어우러져 신나는 파티 분위기를 연출합니다

재료(가로 23×세로 14×깊이 7㎝ 내열 용기 1개분)

파블로바

- 달걀흰자 … 2개분
- 그래뉴당 … 100g
- 소금 … 한꼬집
- 아몬드 파우더 … 5g

휘핑크림

- 생크림 … 100mL
- 그래뉴당 … 10g

파이 생지

- 파이 시트(시판용) … 23×14cm 1장
- 그래뉴당 … 약간

라즈베리 필링

- 라즈베리* … 300g
- 그래뉴당 … 100g
- 레몬즙 … 1작은술
- 젤라틴 … 5g

아몬드 슬라이스 … 적당량

* 없으면 냉동도 가능

준비하기

- 오븐은 200℃로 예열한다.
- 오븐 시트에 가로 23×세로 14cm의 사각형을 그리고 시트를 뒤집어 오븐 팬에 깐다.

(파블로바가 다 구워지면)

- 휘핑크림을 만든다. 볼에 생크림을 넣고 그래뉴당을 추가한 후, 얼음물이 들어간 볼에 갖다 대면서 핸드믹서로 80~90%로 휘핑한다.

만드는 법

1 내열 용기에 파이 시트를 깐다. 포크로 구멍을 내고(ⓐ), 설탕을 뿌린 다음 예열한 오븐에서 20분간 굽는다.

2 라즈베리 필링을 만든다. 냄비에 라즈베리 2/3 분량과 그래뉴당을 넣고 레몬즙을 뿌린 다음 약 10분 정도 약불에서 가열한다. 걸쭉해지면 남은 라즈베리와 젤라틴을 넣어 섞은 다음 불을 끄고 식힌다.

3 **1**에 **2**를 흘려 넣고(ⓑ), 냉장고에서 1시간 정도 식혀 굳힌다.

4 P.16의 만드는 법 1~6을 참조하여 생지를 만들고, 아몬드 파우더를 넣어 고무주걱으로 섞는다.

5 오븐 시트에 그린 사각형 한가운데에 **4**를 얹고, 내열 용기에 다 들어갈 수 있도록 고무주걱으로 성형한 다음 아몬드 슬라이스를 뿌린다. 100℃로 예열한 오븐에서 약 2시간 굽고, 오븐 안에 30분간 두어 한 김 식힌다.

6 냉장고에서 꺼낸 **3**에 준비한 휘핑크림을 넣어 고무주걱으로 펴 바르고(ⓒ), 그 위에 **5**를 얹는다(ⓓ).

※ 취향에 맞는 케이크 토퍼를 꽂아 장식하면 더욱 화사한 분위기가 연출된다.

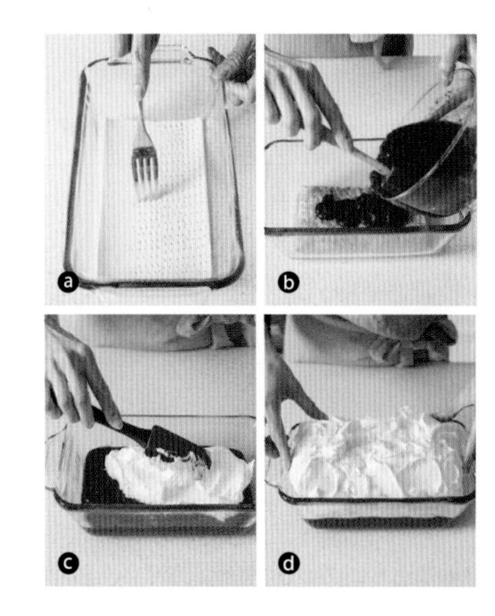

love

VALENTINE PAVLOVA

밸런타인 파블로바

밸런타인데이에 선물하고 싶은 로맨틱한 하트 모양 파블로바.
머랭으로 만든 'love'를 곁들여 사랑을 담아 보았어요.

재료(지름 약 15㎝, 1개분)

파블로바

- 달걀흰자 … 2개분
- 그래뉴당 … 100g
- 소금 … 한꼬집
- 동결건조 라즈베리 … 10g
- 로즈 오일 … 2~3방울

휘핑크림

- 생크림 … 100mL
- 그래뉴당 … 10g
- 라즈베리 퓌레(하단 참조)* … 20g

생 라즈베리(장식용, 냉동 가능) … 50g
생 블루베리(장식용, 냉동 가능) … 20g
'love' 과자(장식용)** … 1개
슈가 파우더(마무리용) … 적당량

* 시판용 라즈베리 퓌레도 가능
** 재료는 P.104 '장미 머랭 팝스'와 같다. 스프링클은 취향에 따라 넣는다.

준비하기

- 오븐 시트에 지름 15cm의 하트 모양과 'love'(필기체)를 그리고, 시트를 뒤집어 오븐 팬에 깐다.
- 'love'용 짤주머니에 8발 별 깍지 #30을 끼운다.
- 오븐은 100℃로 예열한다.
  (파블로바가 다 구워지면)
- 휘핑크림을 만든다. 볼에 생크림을 넣고 그래뉴당을 추가한 후, 얼음물이 들어간 볼에 갖다 대면서 핸드 믹서로 60%로 휘핑한다. 라즈베리 퓌레를 넣어 섞고 80~90%로 휘핑한다.

만드는 법

1. P.16의 만드는 법 1~6을 참조하여 생지를 만들고, 동결건조 라즈베리를 체망에 담아 스푼으로 눌러가면서 뿌려 넣는다(P.46 ⓐ 참조). 로즈 오일을 넣고 고무주걱으로 섞는다.
2. 오븐 시트에 그린 하트 한가운데에 1을 얹고 고무주걱으로 하트 모양으로 성형한다.
3. P.104의 '장미 머랭 팝스' 만드는 법 1을 참조하여 생지를 만들고, 준비한 'love'용 짤주머니 안에 넣어 오븐 시트에 그린 필기체 위에 짠다.
   ※ 남은 생지는 취향에 따라 더 짜서 함께 구운 후, 냉동 보관해 두면 좋다(P.108 참조).
4. 2와 3을 예열한 오븐에서 약 2시간 굽고, 오븐 안에 30분간 두어 한 김 식힌다.
5. 그릇에 파블로바를 담고 준비한 휘핑크림을 펴 바른 다음, 라즈베리와 블루베리로 장식하고 슈가 파우더를 뿌린다. 'love' 과자를 얹어준다.

라즈베리 퓌레 만드는 법(만들기 쉬운 분량)

냄비에 믹서로 간 라즈베리 100g을 넣고 약불로 표면에 살짝 거품이 날 정도로 졸인 다음, 체망에 걸러 매끄럽게 만든다.
※ 소독한 용기에 담아 냉동고에서 약 3주일 정도 보관 가능. 해동할 때는 냉장고 안에서 자연해동이 되도록 한다.

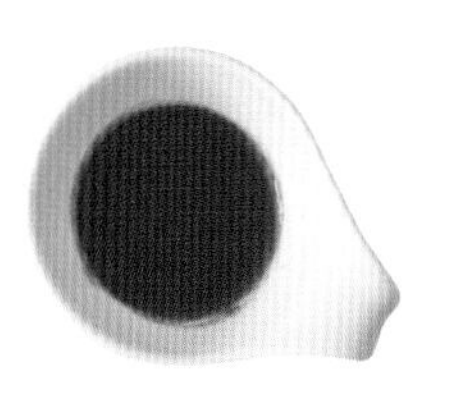

EASTER PAVLOVA NEST

이스터 네스트 파블로바

부활절을 기념하여 삶은 달걀에 그림을 그리거나 색칠해서 나누어 주는 '이스터 에그'를 모티프로 한 파블로바.
파블로바로 새 둥지를 만들고 아몬드 드라제를 달걀처럼 얹었습니다.

재료(지름 약 5㎝, 8개분)

파블로바

달걀흰자 … 2개분
그래뉴당 … 100g
소금 … 한꼬집
피스타치오 파우더 … 10g

화이트 초콜릿 크림

생크림 … 100mL
화이트 초콜릿(다진 것) … 50g

아몬드 드라제* … 80g(24개)

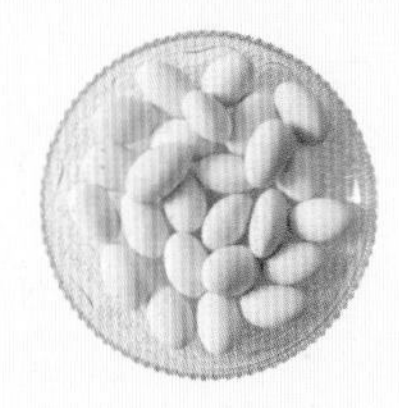

* 아몬드 드라제
파스텔 컬러로 설탕옷을 입은 아몬드
상품 정보는 P.64 참조.

준비하기

- 오븐 시트에 지름 약 5cm의 원을 8개 그리고 시트를 뒤집어 오븐 팬에 깐다.
- 짤주머니에 7발 별 깍지 #12C를 끼운다. 그리고 깍지를 끼우지 않은 짤주머니를 파블로바용, 화이트 초콜릿 크림용으로 각각 하나씩 준비한다.
- 오븐은 100℃로 예열한다.

(파블로바가 다 구워지면)

- 화이트 초콜릿 크림을 만든다. 냄비에 생크림과 초콜릿을 넣고 약불로 가열하여 녹인다. 한 김 식히고 얼음물이 들어간 볼에 갖다 대면서 핸드믹서로 80~90%로 휘핑한다.

만드는 법

1 P.16의 만드는 법 1~6을 참조하여 생지를 만들고, 피스타치오 파우더를 넣어 고무주걱으로 섞는다.

2 파블로바용 짤주머니에 **1**을 넣고 끝부분을 가위로 자른 다음 별 깍지를 끼운 짤주머니 안에 끼워 세팅한다. 오븐 시트 위에 그린 원 안쪽에 소용돌이 모양으로 생지를 짜고, 바깥 둘레는 볼록 솟아오르게 더 높이 짠다(ⓐ). 가운데가 푹 들어간 새 둥지 모양이 되므로, 가운데에 화이트 초콜릿 크림을 넣을 수 있게 된다.

※ 별 깍지를 끼운 짤주머니는 화이트 초콜릿 크림을 짤 때 다시 사용해야 하므로, 다 짜낸 파블로바용 짤주머니를 빼고 깍지를 깨끗이 닦아둔다.

3 예열한 오븐에서 약 1시간 30분 굽고, 오븐 안에 30분간 두어 한 김 식힌다.

4 화이트 초콜릿 크림을 크림용 짤주머니에 넣고 끝부분을 가위로 자른 다음, **2**에서 닦아둔 별 깍지를 끼운 짤주머니 안에 끼워 세팅한다. **3**의 중앙에 짜고 아몬드 드라제를 3개씩 얹는다.

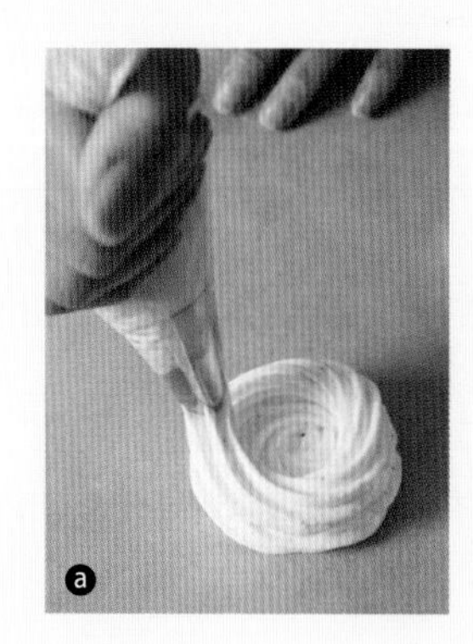
ⓐ

HUITIÉME LOT

COLUMN 3

케이크 토퍼로 화사하게

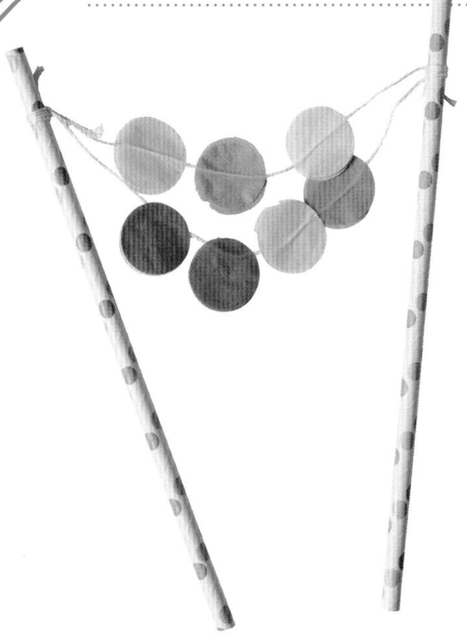

갈런드 배너 [핸드메이드]
색종이를 같은 모양으로 2장 잘라 실을 가운데 끼우듯 붙인 다음, 실의 양쪽 끝부분은 빨대에 묶기만 하면 완성.

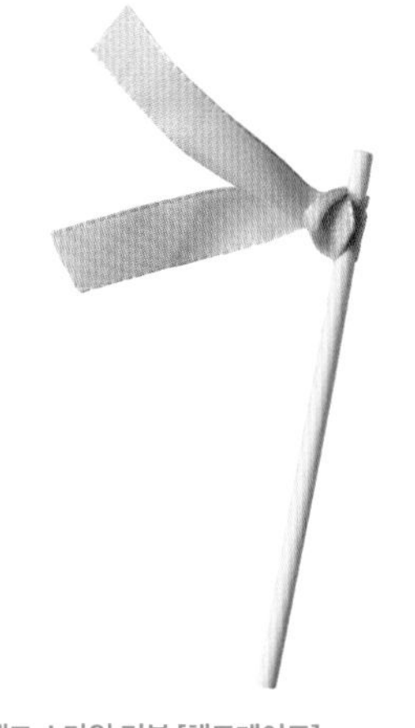

플래그 스타일 리본 [핸드메이드]
가느다란 리본을 깃발처럼 막대에 묶어 가볍게 케이크에 끼우는 팝 스틱으로 간단하게 완성.

나비매듭 리본 [핸드메이드]
대나무 꼬치에 커다란 실크 리본을 나비 모양으로 묶기만 해도 귀여운 토퍼로 완성.

파라솔 픽 [쇼핑몰 구매]
컬러풀한 파라솔 모양의 픽. 파티에 선보일 파블로바에 꽂으면 화려함이 두 배가 된다.

리버티 프린트 케이크 플래그 [핸드메이드]
꽃무늬가 가득한 리버티 무늬의 천이나 레이스를 양면테이프를 이용하여 스틱에 붙이면 컬러풀한 분위기를 연출할 수 있다.

넘버 토퍼
생일이나 기념일에 사용하기 좋다. 끝에 붙어 있는 별이 흔들려 블링블링하다.

※ [쇼핑몰 구매]라고 쓰인 제품은 하단의 쇼핑몰에서 구입하였다.
THE PARTY SHOP → http://www.thepartyshop.jp (시즌에 따라 상품 종류 변동 있음)

축하 메시지를 전하거나 화려하게 연출하고 싶다면 케이크 토퍼를 추천합니다.
각종 아이디어를 뽐내는 시판용 제품으로 편리하게 사용해도 좋고 정성을 담아 직접 만든 토퍼를 사용해도 매력적이에요.

네온 케이크 토퍼 [쇼핑몰 구매]
생일파티 분위기를 더욱 띄워줄 케이크 토퍼.

love 아크릴 케이크 토퍼 [쇼핑몰 구매]
반짝반짝 빛나는 금빛 미러 가공으로 고급스럽게 연출할 수 있는 토퍼.

허니콤 볼 케이크 토퍼 [쇼핑몰 구매]
벌집 모양으로 도톰하게 부푼 파란색, 노란색, 분홍색의 허니콤 볼이 귀여움을 돋보이게 하는 토퍼

콧수염 픽 [핸드메이드]
두꺼운 종이로 만든 콧수염을 종이 빨대에 붙여 만든 핸드메이드 픽.

FOREVER 케이크 토퍼
글자 하나씩 나뉘어 있어서 랜덤으로 불규칙하게 꽂으면 더욱 센스 넘친다.

플라밍고 픽
비비드한 핑크 색감의 허니콤 볼이 플라밍고의 몽실몽실한 깃털을 표현한 개성 있는 픽.

PART

4

머랭 과자

MERINGUE SWEETS

휘핑크림이나 과일로 꾸미는 일반적인 방법 외에도 한입 크기로 짜내거나 아이스크림과 곁들이기, 또는 영양가 있는 슈퍼 푸드와 함께 먹는 등 다양한 방법으로 즐길 수 있습니다. 맛있고 귀여운 머랭 과자 만드는 법을 소개할게요.

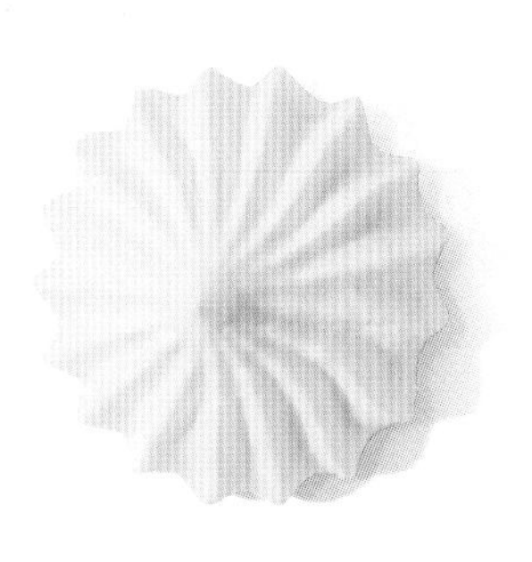

① 플레인 키세스

② 초코 민트 키세스

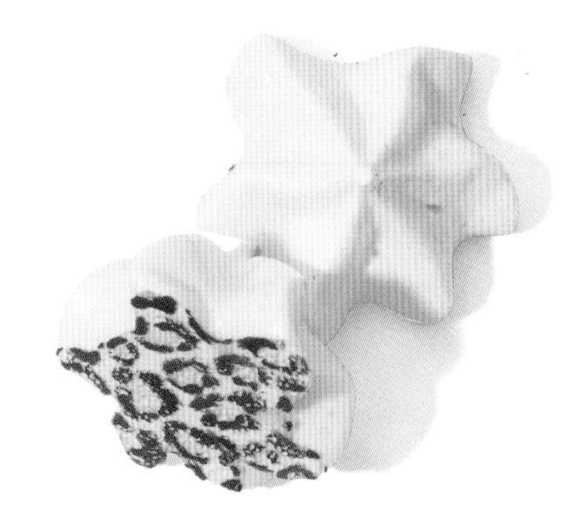

③ 레오파드 키세스

④ 레드 라인 키세스

⑤ 딸기 키세스

⑥ 아몬드 키세스

⑦ 블루베리 키세스

⑧ 초코 딥 키세스

MERINGUE KISSES

머랭 키세스

짤주머니로 작게 짜낸 머랭은 마치 키세스 초콜릿 같아요!
여러 가지 깍지나 토핑 재료, 전사지 등을 이용하여 만든 다양한 표정의 8가지 키세스를 소개합니다.

재료(지름 약 2~3㎝, 총 60개분)

파블로바

- 달걀흰자 … 2개분
- 그래뉴당 … 100g
- 소금 … 한꼬집

준비하기

- 오븐 팬에 오븐 시트를 깐다.
- **만드는 법 2**를 참고하여 짤주머니와 깍지를 각각 필요한 양만큼 준비한다.

① 플레인 키세스
바닐라 오일 … 약간

② 초코 민트 키세스
초코칩 … 30~40g
민트 오일 … 매우 소량
식용 색소(녹색)* … 매우 소량

③ 레오파드 키세스
제과용 전사지(레오파드 무늬) … 14×14cm 1장

④ 레드 라인 키세스
식용 색소(붉은색)** … 약간

⑤ 딸기 키세스
동결건조 딸기 … 약간

⑥ 견과류 키세스
아몬드(절굿공이로 굵게 부순 것) … 약간

⑦ 블루베리 키세스
블루베리 소스(P.21 참조 또는 시판용) … 5g

⑧ 초코 딥 키세스
초콜릿(중탕하여 녹인 것) … 20~30g
스프링클 … 약간

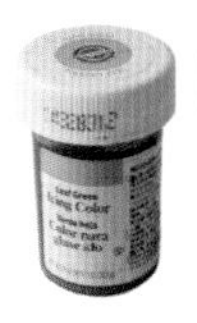

*, ** 식용 색소
사진 속 식용 색소는 젤 타입으로 아주 소량만 사용해도 발색이 잘 된다.

만드는 법

1 P.16의 만드는 법 1~6을 참조하여 생지를 만든다.

2 여덟 종류의 키세스를 모두 만드는 경우, **1**의 생지를 8등분(혹은 만들고 싶은 키세스의 개수에 맞추어 등분)하여 각각 이하의 순서대로 작업해서 준비한 오븐 팬 위에 짠다.

※ 여러 종류의 머랭 키세스를 짤 때는 먼저 끝부분을 자른 짤주머니에 생지를 넣은 다음 깍지를 끼운 짤주머니에 생지가 담긴 짤주머니를 넣고(ⓐ) 짜낸다. 이렇게 하면 깍지나 생지를 교환할 때 수고를 덜 수 있어 편리하다.

① 플레인 키세스

1에 바닐라 오일을 넣어 고무주걱으로 잘 섞고, 14발 별 깍지 #4B를 끼운 짤주머니에 넣고 짠다(ⓑ).

② 초코 민트 키세스

오븐 팬에 깐 오븐 시트에 초코칩을 늘어놓는다. **1**에 민트 오일과 식용 색소를 넣어 고무주걱으로 잘 섞고, 7발 별 깍지 #12C를 끼운 짤주머니에 넣어 초코칩 위에 짠다(ⓒ).

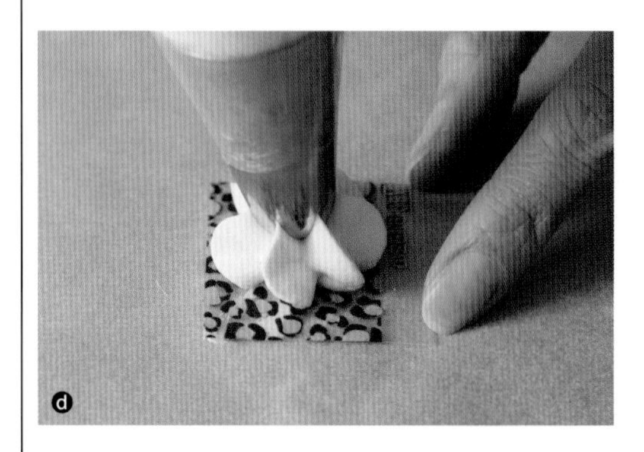

③ 레오파드 키세스

오븐 팬 위에 깐 오븐 시트에 전사지를 늘어놓는다. 7발 별 깍지 #12C를 끼운 짤주머니에 **1**을 넣고 전사지 위에 짠다(ⓓ).

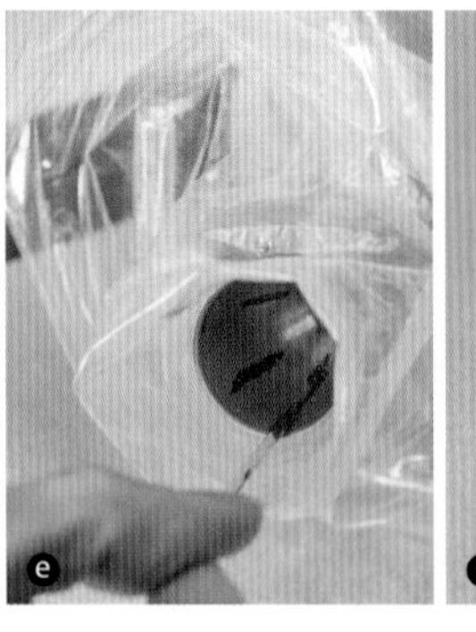

④ 레드 라인 키세스

짤주머니에 끼운 둥근 깍지 #12의 안쪽에 식용 색소를 묻힌 이쑤시개로 선을 5개 그린 다음(ⓔ), **1**을 넣고 짠다(ⓕ).

ⓖ

⑤ 딸기 키세스

동결건조 딸기는 손으로 부순다(ⓖ). 둥근 깍지 #12를 끼운 짤주머니에 1을 넣고 짠 다음, 동결건조 딸기를 올려 장식한다.

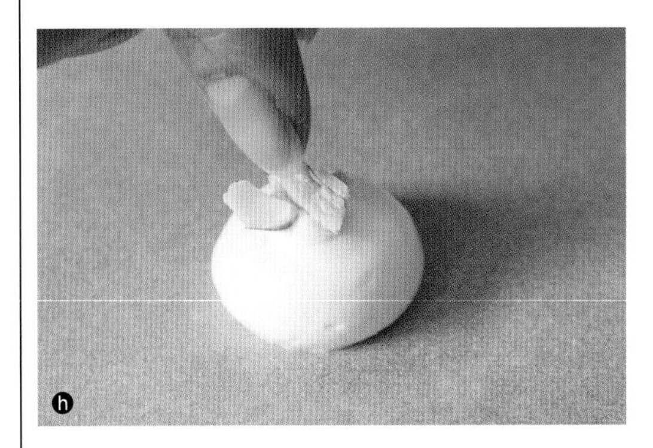

ⓗ

⑥ 아몬드 키세스

둥근 깍지 #12를 끼운 짤주머니에 1을 넣고 짠 다음 위에 아몬드를 얹어 장식한다(ⓗ).

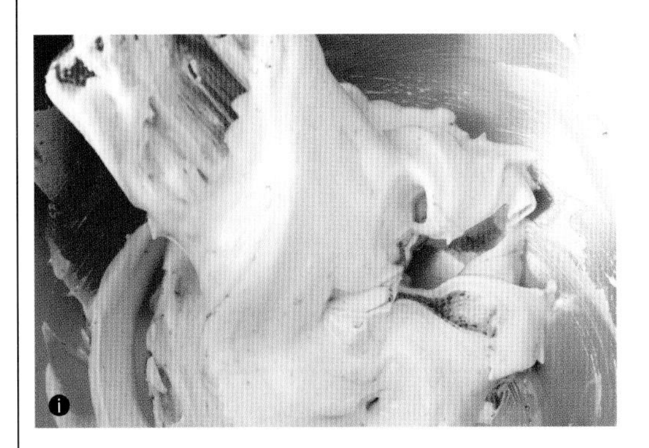

ⓘ

⑦ 블루베리 키세스

1에 블루베리 소스를 넣어 대강 섞고(ⓘ), 둥근 깍지 #12를 끼운 짤주머니에 넣고 짠다.

⑧ 초코 딥 키세스

둥근 깍지 #12를 끼운 짤주머니에 1을 넣고 짠다

3 100℃로 예열한 오븐에서 약 1시간 동안 굽고, 오븐 안에 30분간 두어 한 김 식힌다. ③은 전사지를 벗겨내고, 나머지는 오븐 시트에서 떼어낸다.

4 ⑧은 밑부분을 녹인 초콜릿에 담가(ⓙ), 스프링클을 붙여(ⓚ) 말린다.

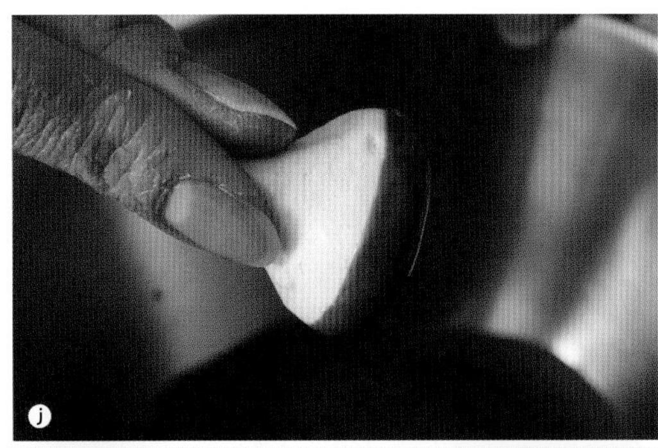

ⓙ

ⓚ

INVISIBLE MERINGUE ICE CREAM

인비저블 머랭 아이스크림

뾰족뾰족하게 뿔이 선 파블로바 생지로 바닐라 아이스크림을 코팅했어요.
소테로 만든 사과와 함께 스킬릿(skillet)에 얹어 가볍게 오븐에서 구워 만들었습니다.

재료(지름 약 12㎝ 스킬릿 2개분)

파블로바

- 달걀흰자 … 1개분
- 그래뉴당 … 50g
- 소금 … 한꼬집

바닐라 아이스크림 … 2스쿱(약 100g)

사과 소테

- 사과 … 1개
- 그래뉴당 … 40g
- 버터 … 20g

시나몬 파우더 … 적당량

준비하기

- 아이스크림은 한 스쿱씩 넓적한 접시에 나란히 놓고 냉동고에서 얼린다.
- 사과는 소테로 만들었을 때 껍질이 떨어지지 않도록 이쑤시개로 몇 군데 찔러 구멍을 낸 다음 세로로 4장 슬라이스한다.
- 오븐은 200℃로 예열한다.

만드는 법

1 P.16의 만드는 법 1~6을 참조하여 생지를 만든다.

2 바닐라 아이스크림을 생지로 코팅한다. 준비한 아이스크림을 1의 볼에 넣고, 스푼 2개로 굴리면서 생지옷을 입히고(ⓐ), 넓적한 접시에 놓는다. 나머지도 마찬가지로 옷을 입히고 스푼 뒷면을 이용하여 각각 표면에 뿔을 세운다(ⓑ). 넓적한 접시에 랩을 씌워 약 40분 정도 냉동고에서 얼린다.

3 사과 소테를 만든다. 스킬릿(혹은 직화 오븐이 가능한 내열 용기)에 그래뉴당의 절반과 버터 절반, 물을 약간 넣고 약불로 가열한 다음, 그래뉴당이 녹기 시작하면 준비한 사과의 절반 양을 넣고 소테로 만든다(ⓒ). 마찬가지 방법으로 1개 더 만든다.

※ 커다란 내열 용기에 그래뉴당과 버터를 모두 넣은 다음 사과를 넣어 소테로 만들어도 된다.

4 스킬릿에 남은 기름기를 키친페이퍼로 닦고, 2를 1개 얹는다(ⓓ). 마찬가지로 또 하나 더 만든다.

※ 커다란 내열 용기에 사과 소테와 파블로바 코팅 아이스크림 모두를 넣고 만들어도 된다.

5 예열한 오븐에 4를 넣고 약 3분 정도 굽는다. 노릇하게 구워지면 꺼내고 사과에 시나몬 파우더를 뿌린다.

ⓐ ⓑ

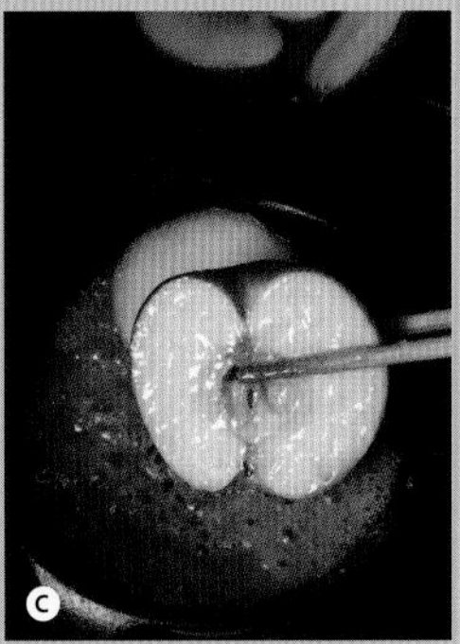
ⓒ

ⓓ

LEMON MERINGUE CUPS

레몬 머랭 컵

흰자로 파블로바를, 노른자로 레몬 커드를 만들어서 달걀을 버릴 것 없이 사용했어요.
파블로바의 부드러운 맛이 레몬 커드의 상큼한 맛을 포근하게 감싸줍니다.

재료(지름 약 6.5×높이 3㎝ 머핀 틀 4개분)

파블로바

- 달걀흰자 … 2개분
- 그래뉴당 … 100g
- 소금 … 한꼬집
- 레몬 파우더 … 5g

레몬 커드(하단 참조) … 전량

민트 잎(장식용) … 약간

준비하기

- 짤주머니에 둥근 깍지 #10을 끼운다.
- 오븐은 100℃로 예열한다.

만드는 법

1 P.16의 만드는 법 1~6을 참조하여 생지를 만들고, 레몬 파우더를 넣어 고무주걱으로 섞는다.

2 오븐 팬에 오븐 시트를 깔고 실리콘 머핀 틀(6구)를 뒤집어 놓는다. 준비한 짤주머니에 1을 넣은 다음 먼저 머핀 틀 바닥 부분에 생지를 짜고, 틀의 옆면을 따라 올라오며 짜준다(ⓐ).

3 예열한 오븐에서 약 1시간 30분 동안 굽고, 오븐 안에 30분간 두어 한 김 식힌다.

4 3에 스푼으로 레몬 커드를 떠 넣고, 민트 잎을 얹어 장식한다.

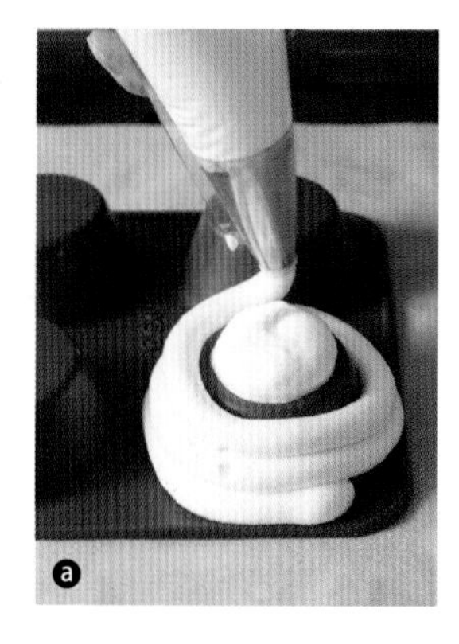

ⓐ

레몬 커드 만드는 법(만들기 쉬운 분량)

냄비에 레몬즙 2개분, 버터 50g을 넣고 약불로 가열한다. 버터가 녹으면 불을 끄고 한 김 식힌다(Ⓐ). 볼에 달걀노른자 2개분을 넣어 풀고 그래뉴당 100g, 박력분 10g을 넣고 섞은 다음, Ⓐ의 냄비에 조금씩 넣어 묽게 섞는다. 약불로 가열하고 걸쭉해지면 불을 끄고 식힌다.

※ 소독한 용기에 담아 냉장고에서 약 1주일 정도 보관 가능

WHITE MERINGUE CHANTILLY

화이트 머랭 샹티

머랭 샹티는 머랭에 생크림을 끼운 프랑스 과자를 뜻합니다.
머랭과 휘핑크림의 고급스러운 순백색과 입안에서 사르르 녹아내릴 만큼 달콤한 맛을 즐겨보세요.

재료(10×5㎝, 6개분)

파블로바

- 달걀흰자 … 2개분
- 그래뉴당 … 100g
- 소금 … 한꼬집
- 딸기 파우더 … 2g

휘핑크림

- 생크림 … 100mL
- 그래뉴당 … 10g

취향에 맞는 허브티 꽃(장식용) … 적당량

준비하기

- 오븐 시트에 10cm 간격으로 직선 4개를 그리고 시트를 뒤집어 오븐 팬에 깐다.
- 짤주머니 3개를 준비한다. 하나는 9발 별 깍지 #15C(Ⓐ), 또 하나는 8발 별 깍지 #30C(Ⓑ), 나머지 하나는 14발 별 깍지 #4B(Ⓒ)를 끼운다.

만드는 법

1 P.16의 만드는 법 1~6을 참조하여 생지를 만든다.

2 **1**의 3/4 분량을 준비한 짤주머니Ⓐ에 넣고 오븐 시트에 그린 선 사이에 들어갈 수 있도록 10cm 길이의 S자 모양을 6개 짠다(ⓐ).

3 남은 **1**에 딸기 파우더를 넣고 고무주걱으로 섞어 짤주머니Ⓑ에 넣는다. **2**의 한가운데에 작게 2개씩 짠다(ⓑ).

4 100℃로 예열한 오븐에서 약 1시간 30분 동안 굽고 한 김 식힌다.

5 휘핑크림을 만든다. 생크림에 그래뉴당을 넣고 핸드믹서로 90%로 휘핑하여 짤주머니Ⓒ에 넣는다.

6 **4**를 2개씩 나누어 짝을 만든다. 그중 하나의 평평한 면에 **5**를 적당량 짠 다음, 나머지 하나를 포갠다. 이를 반복한다.

7 그릇에 **6**을 담고 남은 휘핑크림을 짜 얹은 다음 취향에 맞는 허브티 꽃으로 장식한다.

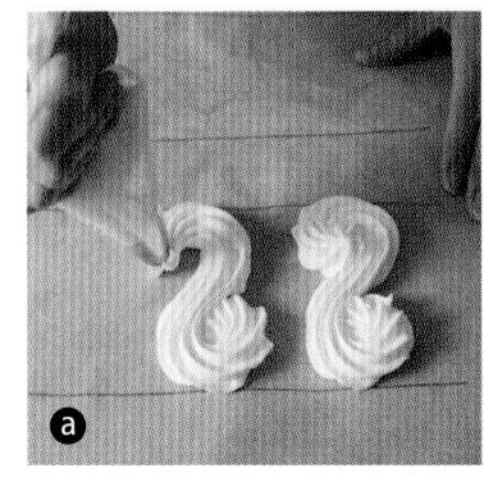
ⓐ

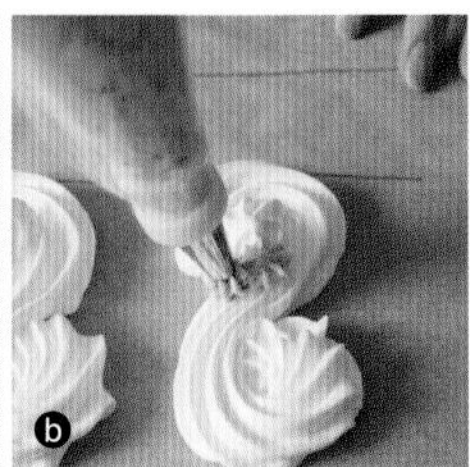
ⓑ

BICOLORED MERINGUE CHANTILLY

바이컬러 머랭 샹티

블랙 코코아 파우더로 우아한 회색빛을 낸 머랭과 베이직한 흰색 머랭의 조화.
이 사이에 럼 레이즌 향이 나는 크림을 넣어 샌드로 만들었습니다.

재료(10×5㎝, 6개분)

파블로바

- 달걀흰자 … 2개분
- 그래뉴당 … 100g
- 소금 … 한꼬집
- 블랙 코코아 파우더* … 2g

휘핑크림

- 생크림 … 100mL
- 그래뉴당 … 10g
- 럼 레이즌(다진 것) … 20g

초콜릿 장식(하단 참조) … 적당량

* 일반 코코아 파우더로 대체 가능하며 더 옅은 갈색으로 완성된다.

준비하기

- 오븐 시트에 10cm 간격으로 직선 4개를 그리고 시트를 뒤집어 오븐 팬에 깐다.
- 짤주머니 3개를 준비한다. 하나는 9발 별 깍지 #15C(Ⓐ), 또 하나는 둥근 깍지 #12(Ⓑ), 나머지 하나는 깍지를 끼우지 않고 끝부분만 잘라놓는다(Ⓒ).

만드는 법

1 P.16의 만드는 법 1~6을 참조하여 생지를 만들고, 2등분하여 한쪽에 블랙 코코아 파우더를 넣고 고무주걱으로 섞는다.

2 짤주머니Ⓒ에 **1**의 아무것도 넣지 않은 플레인 생지를 넣고, 짤주머니Ⓐ에 끼워 세팅한다. 오븐 시트에 그린 선 사이에 들어갈 수 있도록 10cm 길이의 S자 모양을 3개 짠다.

3 짤주머니Ⓐ와 Ⓒ를 분리한다. 짤주머니Ⓒ에 **1**의 코코아 생지를 넣고 짤주머니Ⓐ에 세팅하여 **2**와 같은 방법으로 3개 짠다(ⓐ).

4 100℃로 예열한 오븐에서 약 1시간 30분 동안 굽고 한 김 식힌다.

5 휘핑크림을 만든다. 생크림에 그래뉴당과 럼 레이즌을 넣어 핸드믹서로 90%로 휘핑하고 짤주머니Ⓑ에 넣는다.

6 **4**를 색이 다른 2개씩 나누어 짝을 만든다. 그중 하나의 평평한 면에 **5**를 적당량 짠 다음, 나머지 하나를 포갠다. 이를 반복한다.

7 그릇에 **6**을 담고 남은 휘핑크림을 짜 얹은 다음 초콜릿 장식을 올린다.

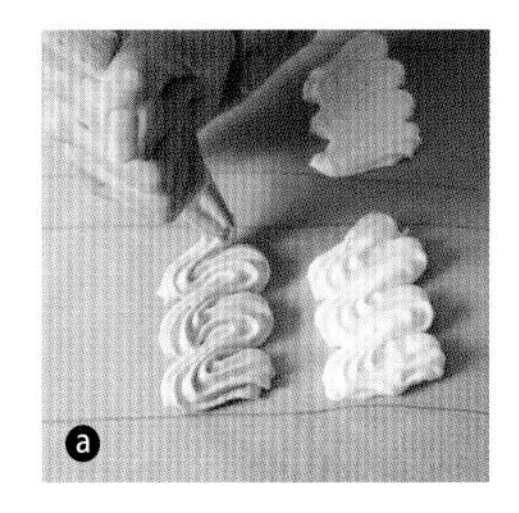
ⓐ

초콜릿 장식 만드는 법(만들기 적당한 분량)

초콜릿 20g을 중탕으로 녹인 다음 스푼으로 떠서 오븐 시트 위에 얇게 깐다. 초콜릿이 굳기 전에 나이프와 포크를 사용하여 원하는 크기와 형태로 선을 넣고, 오븐 시트째로 둥글게 말아 스테이플러로 고정해서 냉장고에 넣어 식힌다. 굳으면 그은 선을 따라 초콜릿을 오븐 시트에서 살살 떼어낸다.

EATON MESS

이튼 메스

이튼 메스는 딸기와 생크림, 머랭을 스푼으로 저어 먹는 영국 전통 과자입니다.
여기서는 그래놀라와 블루베리, 요구르트를 곁들여 파르페처럼 만들었어요.

재료(지름 6×높이 12㎝ 유리잔 2개분)

파블로바

- 달걀흰자 … 1개분
- 그래뉴당 … 50g
- 소금 … 한꼬집

휘핑크림

- 생크림 … 100mL
- 그래뉴당 … 10g
- 플레인 요거트 … 200g
- 블루베리 소스(P.21 참조)* … 20mL

그래놀라(시판용) … 적당량
블루베리 … 50g
식용 꽃 … 적당량

* 시판용 블루베리 소스도 사용 가능

준비하기

- 요거트는 냉장고에서 하룻밤 두어 물기를 뺀다.
- 오븐 팬에 오븐 시트를 깐다.
- 짤주머니에 둥근 깍지 #12를 끼운다.
- 오븐은 100℃로 예열한다.

(파블로바가 다 구워지면)

- 휘핑크림을 만든다. 볼에 생크림을 넣고 그래뉴당을 추가한 후, 얼음물이 들어간 볼에 갖다 대면서 핸드믹서로 70%로 휘핑한다. 물기를 뺀 요거트와 블루베리 소스를 넣고 다시 섞는다.

만드는 법

1 P.16의 만드는 법 1~6을 참조하여 생지를 만들고, 준비한 짤주머니에 넣어 오븐 시트에 지름 4cm의 크기로 4개 짠다. 예열한 오븐에서 약 1시간 동안 굽고, 오븐 안에 30분간 두어 한 김 식힌다.
※ 남은 생지는 마저 짜서 함께 구운 다음 냉동 보관해 두면 좋다(P.108 참조).

2 두 개의 유리잔에 준비한 휘핑크림을 절반씩 넣고 그래놀라, 블루베리 순서대로 포갠다. 1을 두 개씩 얹고 식용 꽃으로 장식한다.

MERINGUE BOWL

머랭 볼

슈퍼 푸드로 유명한 아사이베리를 머랭 생지에 넣고 구웠어요.
취향껏 다양하게 토핑하면 아침 식사로도 먹기 좋은 든든한 메뉴가 완성됩니다.

재료(지름 12㎝ 볼 1개분)

파블로바

- 달걀흰자 … 1개분
- 그래뉴당 … 50g
- 소금 … 한꼬집
- 아사이베리 파우더 … 5g
- 아몬드 다이스 … 적당량

아사이베리 퓌레(냉동) … 100g
바나나 … 1개
두유 … 20mL
메이플 시럽 … 5g
블랙베리* … 적당량

* 블루베리 등 좋아하는 다른 과일을 넣어도 된다.

준비하기

- 오븐 팬에 오븐 시트를 깐다.
- 바나나는 절반 분량을 어슷썰기한다.

만드는 법

1 P.16의 만드는 법 1~6을 참조하여 생지를 만들고, 아사이베리 파우더를 넣어 고무주걱으로 섞는다.

2 오븐 시트에 **1**을 날개모양을 그리는 것처럼 고무주걱으로 쓱 쓸어내리며 발라 적당량 얹고, 아몬드 다이스를 뿌린다.

3 100℃로 예열한 오븐에서 약 1시간 동안 굽고, 오븐 안에 30분간 두어 한 김 식힌다.

4 믹서에 아사이베리 퓌레와 썰지 않은 바나나, 두유, 메이플 시럽을 넣고 간다.

5 그릇에 **4**를 담고 어슷썰기한 바나나와 블랙베리를 얹는다. 그다음 **3**을 손으로 적당히 부숴서 뿌린다.

COFFEE MERINGUE

커피 머랭

머랭 과자는 한 손으로 쏙쏙 집어 먹을 수 있어 좋아요.
쌉쌀함을 즐길 수 있는 커피 파우더와 카카오 닙을 생지에 넣는 것이 포인트랍니다.

재료(지름 약 6㎝, 6개분)

파블로바

- 달걀흰자 … 2개분
- 그래뉴당 … 100g
- 소금 … 한꼬집

카카오 파우더 … 20g
카카오 닙* … 20g

*** 카카오 닙**
안티에이징 등의 효과가 있는 슈퍼 푸드.

준비하기

- 넓적한 접시를 두 개 준비하여, 각각 커피 파우더와 카카오 닙을 뿌린다.
- 오븐 팬에 오븐 시트를 깐다.
- 오븐은 100℃로 예열한다.

만드는 법

1 P.16의 만드는 법 1~6을 참조하여 생지를 만들고 6등분한다.

2 스푼 2개로 **1**을 커피 파우더(ⓐ)와 카카오 닙(ⓑ)에 순서대로 굴려 묻힌다.

3 오븐 시트에 **2**를 올리고 예열한 오븐에서 약 1시간 30분 동안 굽고, 오븐 안에 30분간 두어 한 김 식힌다.

ⓐ

ⓑ

MERINGUE POPS

2종 머랭 팝스

마음을 담아 소소하게 선물하기 좋은 나선 모양, 장미 모양의 머랭 팝스.
두 가지 모두 같은 깍지를 사용하지만 어떻게 짜느냐에 따라 다양한 형태로 만들어집니다.

플레인&코코아 머랭 팝스

재료(10개분)

파블로바

- 달걀흰자 … 1개분
- 그래뉴당 … 50g
- 소금 … 한꼬집

코코아 파우더 … 2g

준비하기

- 7발 별 깍지 #12C를 끼운 짤주머니 1개와 깍지를 끼우지 않은 짤주머니 2개를 준비한다.
- 오븐 팬에 오븐 시트를 깔고, 막대를 늘어놓는다.

※ 막대 끝에 머랭을 발라두면 팬 안에서 막대가 굴러다니지 않는다.

만드는 법

1 P.16의 만드는 법 1~6을 참조하여 생지를 만들고 2등분한다. 생지의 절반은 다른 볼에 담고 코코아 파우더를 넣어 고무주걱으로 섞는다.

2 깍지를 끼우지 않은 2개의 짤주머니에 1의 아무것도 섞지 않은 생지와 코코아 생지를 각각 넣은 다음 끝부분을 가위로 자른다(ⓐ). 별 깍지를 끼운 짤주머니 속에 두 짤주머니를 함께 넣어 세팅한다(ⓑ).

3 준비한 막대의 손잡이 부분만 남기고, 2를 나선 모양으로 짠다(ⓒ). 100℃로 예열한 오븐에서 약 1시간 30분 동안 굽고, 오븐 안에 30분간 두어 한 김 식힌다.

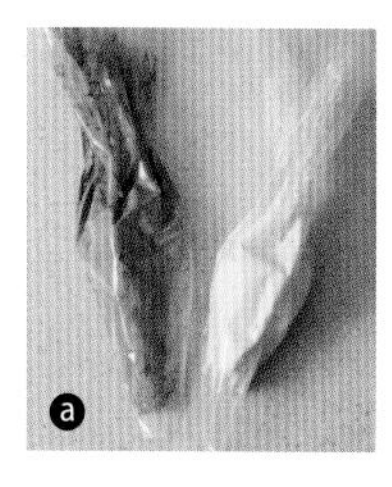

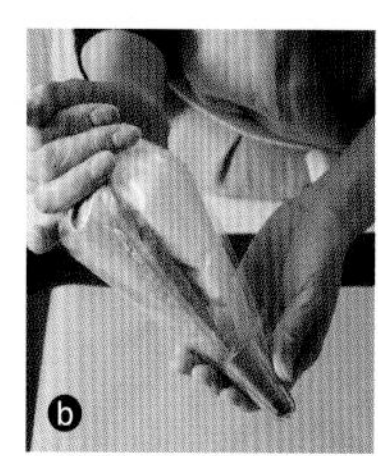

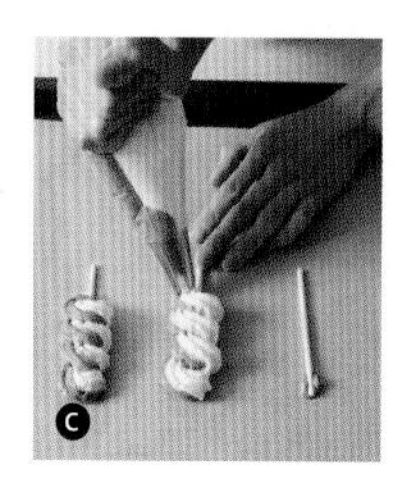

장미 머랭 팝스

재료(10개분)

파블로바

- 달걀흰자 … 1개분
- 그래뉴당 … 50g
- 소금 … 한꼬집

로즈 오일 … 2~3방울

딸기 파우더 … 10g

스프링클(장식용) … 적당량

준비하기

- 7발 별 깍지 #12C를 끼운 짤주머니를 준비한다.
- 오븐 팬에 오븐 시트를 깔고, 막대를 늘어놓는다.

※ 막대 끝에 머랭을 발라두면 팬 안에서 막대가 굴러다니지 않는다.

만드는 법

1 P.16의 만드는 법 1~6을 참조하여 생지를 만들고, 로즈 오일과 딸기 파우더를 넣어 고무주걱으로 섞는다.

2 준비한 짤주머니에 1을 넣은 다음, 막대의 손잡이 부분만 남기고 안쪽부터 바깥쪽을 향해 원을 그리듯 짠다. 스프링클을 뿌린다.

3 100℃로 예열한 오븐에서 약 1시간 30분 동안 굽고, 오븐 안에 30분간 두어 한 김 식힌다.

COLUMN 4

다양한 머랭 깍지와 응용

깍지의 종류나 짜는 방식만 바꾸어도 과자의 이미지가 확 달라집니다.
이 책에서는 기본적으로 둥근 깍지를 자주 사용했어요.
6~10발 별 깍지는 화려함을 더해주므로 가지고 있는 것이 좋습니다.

《이 페이지에서 사용한 4가지 깍지》

A : 7발 별 깍지 #12C
B : 8발 별 깍지 #30
C : 장미 깍지 #104
D : 나뭇잎 깍지 #69

깍지 A는

3의 분홍색 머랭의 장미 부분, **4**의 하트 모양과 **5**의 셸(shell) 형태, **7**의 꽃으로 이루어진 하트 모양을 만드는 데 사용했습니다. 같은 깍지라도 짜는 방법에 따라 이미지가 달라져요.

깍지 B는

1의 알파벳과 **3**의 분홍색 장미 위에 있는 작은 흰 꽃, **8**의 가느다란 파도 형태를 만드는 데 사용했습니다.

깍지 C는

2의 크리스마스 트리와 **6**의 리본을 만드는 데 사용했습니다.

깍지 D는

3의 분홍색 장미 아래에 가려진 나뭇잎을 만드는 데 사용하였습니다. **3**의 머랭 팝스는 3가지 종류의 깍지를 사용하여 만들었답니다.

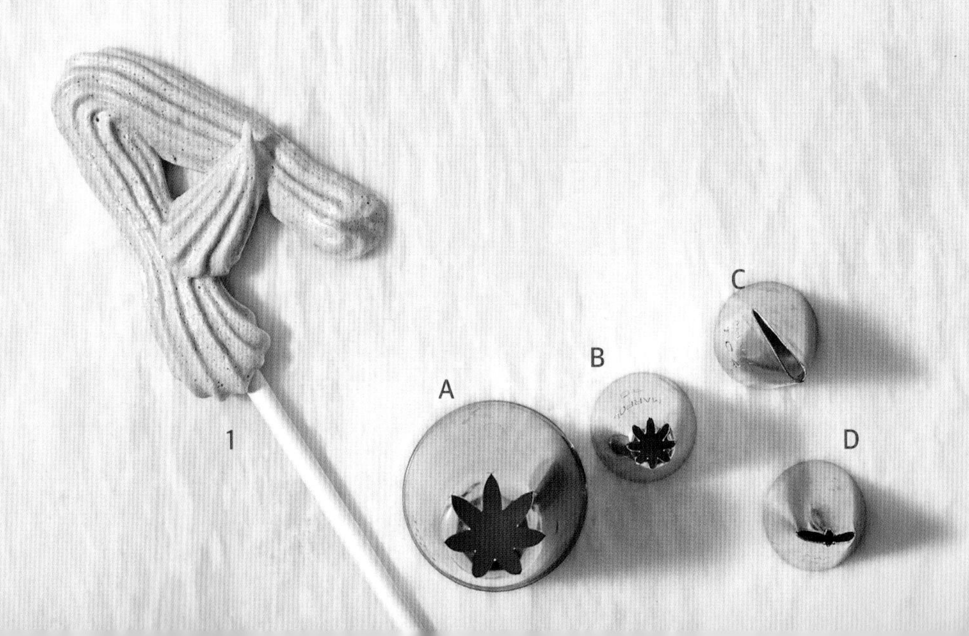

3
4
2
5
6
1
8
7

COLUMN
5

보존과 운반 요령

오븐에서 굽고 한 김 식힌 파블로바 및 머랭 과자는 실온이나 냉동 상태에서 모두 보존 가능합니다. 머랭 과자와 재료를 분리해서 운반하면, 참가자가 직접 음식을 가지고 오는 포틀럭 파티(potluck party) 등 자기 집 이외의 장소에서도 갓 만든 것처럼 먹을 수 있답니다.

실온에서 보존하기

머랭 과자의 가장 큰 적은 습기입니다. 쓸데없는 수분을 머금지 않도록 한 김 식히고 깨끗한 용기에 식품용 건조제와 함께 넣고 뚜껑을 단단히 닫아 보관합니다. 약 2주일 정도 보관 가능해요.

냉동 상태에서 보존하기

한 개씩 랩으로 싼 다음 보존용 지퍼 백에 넣어 냉동합니다. 먹을 때는 실온에서 해동합니다. 약 3주일 동안 보관 가능해요.

운반할 때는 재료별로 분리하기

다른 곳으로 가지고 가야 할 때는 머랭 과자와 휘핑이 끝난 크림, 과일, 소스나 콩피튀르를 따로 분리하여 각각의 용기에 넣고 보냉제와 함께 운반하는 것이 좋습니다. 생일 등 기념일이라면 케이크 토퍼나 스프링클 등 데코레이션 아이템도 준비하는 것도 좋아요. 슥슥 휘핑크림을 바르고, 소스를 뿌리고, 예쁘게 데코해서 파블로바를 그 자리에서 만들어내면 분위기도 더욱 즐거워진답니다!

Epilogue

아들이 "너무 맛있어!"라고 칭찬을 연발하며 제 몫의 파블로바와 밀크티까지 다 먹었던 런던의 한 카페에서의 광경. 아들은 지금도 그때의 기억이 되살아난다고 합니다. 그때처럼 음식을 먹는 사람의 미소를 볼 때 저는 가장 기분이 좋아집니다.

저는 과자를 만들 때 과자와 관련된 이야기나 역사, 함께 먹는 사람, 과일과 같은 식재료의 아름다움 등을 상상하거나 떠올리며 과자 곳곳에 판타지를 숨겨놓습니다. 과자에 대한 마음을 담고, 짜릿하게 다가오는 직감이나 입에 넣었을 때의 식감을 떠올리면서 즐겁게 과자를 만들죠.

예를 들면, 새하얀 머랭을 뽀얗게 건조시키는 것도 포인트라고 할 수 있습니다. 이를 위해 알기 쉬운 배합과 온도, 건조 시간을 반복하여 조정합니다. 소스나 과일은 새하얀 파블로바와 아름다운 조화를 이루도록 많이 스케치도 해보죠. 이 책에서는 레몬이나 오렌지는 슬라이스한 단면이 더 아름답다고 생각해서 이를 살린 비주얼의 파블로바를 다양하게 담았습니다. 또한, 누구와 어떤 장면에서 먹을지를 상상하면서 포크로 먹는 것부터 직접 손으로 집어 먹는 것, 혹은 막대 사탕에 얹어 먹는 것까지 다양하게 소개하고 있습니다.

익숙한 재료로 형태를 따지지 않고 편하게 만들 수 있는 '파블로바'. 만드는 포인트만 제대로 알면 다소 요리 솜씨가 없어도, 심지어 어린아이라도 다양한 맛과 모양을 즐겁게 표현할 수 있습니다.

커피나 홍차, 와인, 샴페인을 곁들여 담소를 나누는 시간에는 인상적인 '파블로바'를 차려내 보세요. 유리병 안에 머랭 키세스를 가득 담아 넣으면 아이들은 언제나 실컷 맛볼 수 있죠. 어른들의 영화 감상 시간에는 한 손으로 들고 먹을 수 있는 머랭 과자도 좋습니다.

겉은 바삭, 안은 마시멜로처럼 보드라운 '파블로바'가 달콤한 과자를 즐기는 시간을 선사해 웃음과 행복을 안겨주길 바랍니다. 집에서 먹는 과자로서 조금 특별한 때에도 '파블로바'와 머랭 과자들이 많은 사람의 사랑을 받으면 참 좋겠습니다.

마지막으로 새로운 과자 레시피북을 함께 제작해 주신 라이터인 키타다테 씨, 편집자 와카나 씨, 스타일리스트 나카자토 씨, 카메라맨 후쿠오 씨, 디자이너인 아카마츠 씨께 진심으로 감사드립니다.

보나페티!
Bon appétit

머랭으로 만드는 화려한 디저트
천상의 맛, 파블로바

1판 1쇄 펴냄 2020년 10월 30일

지은이 오타 사치카
옮긴이 김진아
펴낸이 정현순
편 집 고수인
디자인 전영진
인 쇄 ㈜한산프린팅

펴낸곳 ㈜북핀
등 록 제2016-000041호(2016. 6. 3)
주 소 서울시 광진구 천호대로 109길 59
전 화 02-6401-5510 **팩스** 02-6969-9737

ISBN 979-11-87616-94-8 13590
값 14,000원